# クルマ好きは先輩の背中を見るもよし

## 生涯自動車生活

いのうえ・こーいち

# クルマ好きは
# 先輩の背中を見るもよし

「まえがき」

最初に断わってしまおう。この本が企画されたときのタイトルは「クルマ好きはこんなクルマに参ってしまう」だった。よくいわれる「尖った先に位置するクルマ」は、それはそれで大向こうも唸らせる、まあいってしまえば分かり易い「いいクルマ」だ。たとえばスーパー・セヴンも、2CVも、フェラーリF40も、オーナーの拘り、欲するところがそのまま伝わってきそうな、「尖った先に位置するクルマ」のいい例、である。

どうも趣味人はちょっとばかり天の邪鬼なところがあるようだ。もちろんこの「尖った先」が「いいクルマ」であることは認めながらも、もう少しずれたところのものに波長を合わせてしまう。一般的な評価がどうであろうと関係ない。自分の信ずるところにしたがって選び出した相手と暮らすオーナーには、一種独特の趣味的な香りが漂っていて、小生などはそのオーナーにも参らされてしまうのだ。

で、そういうクルマとオーナーとの関係を覗かせてもらいたい、と先ほどのタイトルで企画書を書いたのだ。ところが、である。本シリーズの担当をしてくださっている二玄社のカワムラさんの嬉しい誘惑のひと言、さらにそれにつづく一連の流れの中で、小生の所期の企画はもろくも崩れ去ってしまったのだった。

カワムラさんは、小生がコバヤシさんの前では「気をつけっ！」の姿勢になってしまうのを知っているくせに、「今回クルマ好きを採り上げるんでしょ、だったらコバヤシに話をお訊きになったらいかがです？」と。もちろんコバヤシさんは、多くのクルマ好きにとっての「カリスマ」（なんてことば、コバヤシさんはお嫌いだろうなあ）であると同様、小生にとってもクルマ趣味の「指針」のような方である。いろいろ改まってお訊きしたいことはたくさんある。なにより、小生自身がインタヴュウさせてもらえる、こんなチャンスは滅多とあるものではない。

勿体なくも、という気持ちで、ふたつ返事でOKしてしまった。そして、直々に「じゃ時間をつくるからわが家にいらっしゃい」とお招きをいただいて、コバヤシさんのお宅をお訪ねし、そしてやっぱり「気をつけっ！」をして企画が変わってしまった。

いや、この書き方では肝心なところの理由が抜けてしまっているかのように見えるが、そうなってしまったのは事実だから、まあそういうわけなのである。

先の企画案のもと、コバヤシさんのクルマの中で小生が「これはやっぱり趣味人的でしょう」というような「アタリ」をつけていたクルマがあった。コバヤシさんは1台のクルマに比較的長く乗られる方で、足のようにされていた1958年MG　ZBマグネット・サルーン（8年間愛用された、と）、1968年式ローバー2000TC（英国製シトロエンと呼ばれた）、アルファ・ロメオ・アルフェッタ（1・8ℓの初期モデル。後年錆びが激しかった由）、ライレー1300（これは奥様用）ATなど、コバヤシさんのクルマは、どれもきちんと存在理由があって、なおかつ趣味の入る余地をも持ったクルマだった。

現在でもお持ちのアルファ・ロメオ・ジゥリエッタSZは、「尖った先」に近いけれど、趣味人好みな1台といっていい。だが、小生が一番興味深く思えたのは、1978年に購入され、数年間乗っておられたアストン・マーティンDB4GTザガートだ。

英国車の最高峰といっていいアストン・マーティンのDB4GTに、イタリアのカロッツェリア・ザガートが美しく張りのあるアルミ・ボディを架装した、ドリーミイな1台。1961～63年に全部で19台だけつくられたスペシャルである。たとえば同じ1960年代のランチアやオスカ・ザガートなどにも似た、妖しい魅力のスタイリングに、英国アストン・マーティンの直列6気筒DOHCユニットの組み合わせは、趣味人が好みのままにアラカルトでチョイスしたかのようなスペックだ。これを選ぶとは、コバヤシさんもやはり熱いクルマ好きなのだ、と妙に嬉しくなった記憶がある。たしかその件が「アストン・マーティン特集」号、そう、「Carグラフィック」誌の1980年2月号にあった。

「パイプドリーム、夜半にふと目覚めたときなど、理想のクラシカルなレーシングGTクーペをあれこれ品定めするのが、ある時期には半ば習慣のようになっていた。（中略）60年代初期あたりまでの英国車は、まだまじめにつくってあるし、ウォルナットの計器盤を埋める趣味のいい計器、心地よく匂うソフトな革装シートなどの醸し出す雰囲気は、絶対に生粋のブリティッシュにしかないものだ。だが、悲しいかな、この時代の英国車はスタイルがよくない。昔の文法を守っている間はよかったが、時流に取り残されまいとモダーンぶった奴はどれもみんなひどいものだ。ジャガーを除いては。英国車の室内とつくりのよさを持ち、イタリア車の美しいボディを備えたクルマがあればなあ……。と、たいていはここまでで また眠りに落ちてしまうのだが、ある晩、断線していた配線が急につながったように、パッと1台のクルマが頭に浮かんだ。アストン・マーティンDB4GTザガート、そうだ、これに限る。どうしていままで気が付かなかったのだろう……」

この名文句を思い起こすまでもなく、小生も「趣味的なクルマ」の超弩級クラスにその名を挙げて、密かに憧れていたクルマだった。コバヤシさんのクルマは遠くでちらりと覗いたことが一度きり、後年英国のイヴェントで間近に観察して、大いに感激したものだ。これについては、是非とも「趣味的なもの」としての感想をお訊きし、もしや「あれは通好みだったなあ」などということばが訊けたならば…… そんな考えで、コバヤシさんをお訪ねしたのだが、結果はそういうわけであった。

かくして、そのあたりは本文を読んでいただくとして、表題の通り「クルマ好きは先輩の背中を見るもよし」へと書名が変わった、というわけである。

2001年晩夏　　いのうえ・こーいち

9　まえがき

もくじ

第1話 「気をつけっ！」直立不動のインタヴュウ 13
憧れの小林彰太郎さんに訊きたかったこと
軽井沢を走るラムダの後席から　ステアリングを握る「先輩」の背中を見るもよし／身近にあって遠い存在　小林さんの時代のクルマとの関係／初めての、そして永遠のクルマ　オースティン・セヴン／1台を選ぶなら　躊躇なくランチア・ラムダを名指しする／われわれが憧れたイタリアン・ボディの2台　DB4GTザガートとSZ／クルマ趣味を意識しないで　ここまでつづくものだろうか／基本的に自動車の雑誌は　エンターテイメントだと思っている／結論、やはり面白いのはひと　クルマを通じてひととの輪が最高

第2話 元ホンダ・デザイナー、軽井沢の秋 61
佐藤允弥さんと2台のMG
「Carグラフィック」誌ができて間もなく　豊かでない頃の小林さんに初めて逢った／朝5時の列車で東京にクルマ見旅行　クルマとカメラの好きな少年／「コレクションホール」をつくって　趣味のMG、2台をレストレーション

第3話　アルファ・ロメオばかり5台　93
黛健司さんの一途なクルマ生活
子供の頃から　好きなことをいつまでもやめない子／最初のアルファスッドを失い　6時間後には同じものを……／アルファSZとアルファ75　それって趣味と趣味じゃないですか？／アルファ・ロメオだけしか　識らないことのシアワセ

第4話　「チャンピオン」とフィアットの関係　123
戸井陽司さんの愉しくも忙しい休日
出逢いというのは面白いもので　懇切な解答が、なにかを感じさせた／第1回の日本グランプリを見、クルマ趣味をまっしぐら／同じフィアット850を3台　ガレージに収めるところが趣味人

第5話　つくらないモデラー、乗らないエンスー　149
増井勤さんの1／1と1／43
買ってから5年間　乗ることなく終わったアルピーヌ／最近の自動車雑誌は少し違っていない？僕らは相変わらずクルマが好きなのに／雪の日の「黄色いアルピーヌ」　それはクルマ好きの共通体験のよう／2台の「A」ではじまるスポーツカー　それも1／1で持つぜいたく／クルマはクルマで好きだけれど　趣味の対象は1／43から1／1まで

Credits;
表紙カバー制作：石川康彦
写真：p.155　CAR GRAPHIC

上記以外著者

# 第1話　「気をつけっ！」直立不動のインタヴュウ

## 憧れの小林彰太郎さんに訊きたかったこと

## 軽井沢を走るラムダの後席から
## ステアリングを握る「先輩」の背中を見るもよし

夏の盛りに軽井沢に小林彰太郎さんをお訪ねした。先に都内のご自宅でインタヴュウをさせていただいて、クルマと一緒の写真撮影を、と乞うた折に、「それじゃ軽井沢にいらっしゃい」とお誘いをいただいた。それを果たすためにやってきたのだった。

大きな通りから小さな舗装路に入って、最後はクルマ1台の幅の小径の奥に、小林さんの別荘が、そこだけ「別天地」のようにあった。木の扉のガレージ。中には、先日ご自宅のガレージにあった1927年式のランチア・ラムダが、他の2台、アルファ・ロメオ・ジゥリエッタSZ、オースティン・セヴンとともに収まっていた。

「いかにこのランチア・ラムダが進んでいたか。それは現代の道路でもまったく痛痒を感じさせずに走れるほどなんですよ。まあひと走りしましょう」

ひとしきり撮影が終わると、軽井沢をドライヴしてくださるという。もうすっかり小林さんのペースで、小生の思惑など消し飛んでしまっていたのだった。

しかし、いまから四分の三世紀も前につくられた、戦前のクルマを走らせるという行為は、現代のクルマを走らせるというのとはまったく異なる。たとえていうならば、ナンバーが付いているのをいいことに、山手線の線路で蒸気機関車を走らせるようなものだ、と思った。でもそれ

「ＣＧジャガー」が表に停められた向こうが、小林さんの軽井沢の別荘のガレージ。いましもアルファ・ロメオが出てくるところ。

ランチア・ラムダの後に乗せていただいて、軽井沢をひと走り。この大きさの車体でこんな細い曲がりくねった道を、と心配するのはわれわれだけで、ステアリングを握る小林さんは、いともた易く、「怪物」を操っていくのだった。それにしても気分は夢心地のよう。

は、すごい快感なのだろうことは、後席に陣取ったわれわれでさえこんななのだから、この「怪物」を御しているご本人はさぞや、と想像できる。

しかも若かりし頃から憧れ、心酔してきた唯一無二のクルマ。旧いクルマは国籍も性別も年齢も地位も、そうした垣根をみんな取り払ってくれる、という小林さんのことばに、思わず膝を打った小生だったが、その通り、いくつになっても、どんどん深くなっていって楽しめる趣味、それを自ら見せて下さっているような気がした。ラムダの後席に陣取って、流れゆく木々と小林さんの後姿とを代わるがわる眺めながら、いまステアリングを握っている先輩の背中は、とてもいい世界、いい境地のように感じたのだった。

われわれクルマ好きみんなの大先輩であり、またクルマの楽しみを雑誌を通して発信しつづけてくれている小林彰太郎さんは、わが国の自動車ジャーナリストの先駆者、同時にわれわれがもっとも憧れる熱心なエンスージアストのひとりである。多くのクルマ好きは小林さんの背中を見てなにかを思わされてきたし、小生のようなクルマが好きでものかきのような仕事までしている者からすれば、まさに背中を見て育てられた、といっても過言ではない。

冒頭に記したように、その小林彰太郎さんにインタヴュウの機会をいただいた。お訊きしたいことは山ほどあるのだが、これまた記したように、われわれのような人種は小林さんの前にでると、自然と「気をつけっ！」をしてしまう。なぜだか分からないのだが、「パブロフの犬」の条件反射以上にである。もしかすると、クルマが好きということを、小林さんによって植え付けられたからかもしれない。かつて「Ｃａｒグラフィック」誌を毎月待ち遠しく手に入れ、興味のある記事はそれこそ暗記してしまうまでに読み、吸収してきたのだ。後年、自分たちも自動車趣味誌をつくりたいと発起したのも、小林さんの（その当時はまだ「Ｃａｒグラフィック」誌創刊時のいろいろな経緯は知らなかった）背中を追いかけたい、少し立派になりすぎた「Ｃａｒグラフィック」誌に、少しむかしの同人誌的雰囲気を取り戻してみたい、と願ってのことだった。それもこれも原点は、若かりし頃から愛読してきた「Ｃａｒグラフィック」誌、多くは小林さんの文章だったのだから、背中を見るだけでなく、直接向き合ってのインタヴュウはなかなかの大仕事であった。

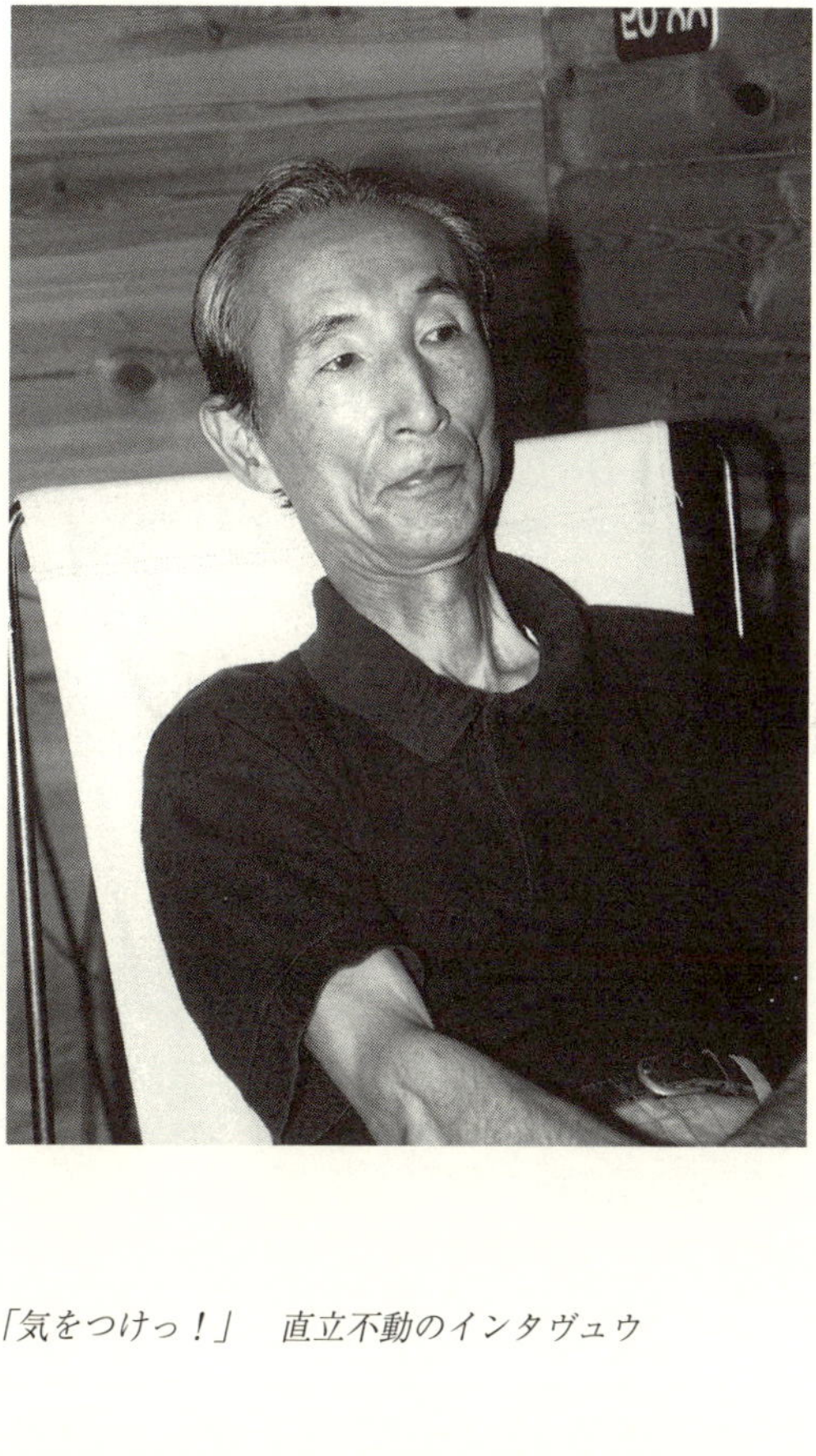

## 身近にあって遠い存在
## 小林さんの時代のクルマとの関係

そんな小林さんになにから訊いてみよう。もちろん予め考えていなかったわけではない。いや、考えすぎるほどに考えていたのだが、「気をつけっ!」の途端、シナリオはどこかへ飛んでいってしまった。そして、仕入れておいたはずの小林さんとそのクルマについてのデータも。まずはどうしてクルマの世界にお入りになったのか。どうして自動車趣味の世界に入ったのか。そのあたり、もちろん小林さんご自身の著書をはじめ、これまで幾度か語られてきた話ではあるが。その辺りからお訊きし、話の筋道を拓いていこうと試みた。

「なんでクルマか、っていわれても憶えていないんですよ。幼稚園に入る前から、とにかくクルマが大好きだった」

——それは存じ上げていますけれど、戦前の日本ではクルマといえばアメリカ車だったでしょう。その時代に欧州車に目がいくというのは、なにか特別なことがあったのでしょうか。

「……」

その答の代わりに、当時の話をしてくださる。

「小学校から高等学校まで13年間、僕は成蹊学園という学校に通ったんですけれど、あそこは結構スパルタ式でね。たとえば、吉祥寺の駅から学校まで、子供の足で歩くと20分以上かかる。でも小学生は絶対バスに乗っちゃいけないんです」

「成蹊はもともとが財閥系役員の父兄などが多かったから、自家用車を持つ家庭も少なくなかったんです。でもそれはほとんどアメリカ車でし

木影を抜ける涼しい風を受け、ガレージの前で出番を待つ。

たね。成蹊の校医で、眼科の先生がモーリス8に乗っていて、やはりクルマの好きな親友と始終仔細に見ていましたね。

それから高等学校には英国人の英語教師がいて、彼は旧いスタンダードのトゥアラーに乗っていました、グレイの。春秋の運動会には、父兄が自家用に乗って来て、正門まえに十何台も並ぶんです。たいていは最新型のクライスラーとかビュイックなんですが。そのなかに6番のプレートをつけた奇妙なタトラがあったのをよく憶えています。このタトラは、40年後に手に入れることになるんですが」

そのあと、昔のナンバーはそれぞれのオーナーに個有だったこと。「Ｓｕｐｅｒ　ＣＧ」誌でも1番から１００番までの写真を載せたけれど、先着順でナンバーが付いた。いってみればそれだけ早くにクルマを所有していた、いわば名士の番号だったこと。若いナンバーのクルマの大半がアメリカ車だったことなどを話してくださった。

「周りのクルマが好きな友人たちもアメリカ車党ばかりでした。みんなピカピカ、ギラギラの大きなクルマが好きでね。ところが僕は異端者で、何故かつつましい欧州車がそのころから好きだったんですね」

アルファ・ロメオ・ジゥリエッタＳＺの丸いボディの向こうに、対照的にシャープなボンネット・ラインのランチア・ラムダが。さすがにガレージ内では巨きさが、一段と際立つ。小林さんはなんのためらいもなくラムダに乗り込むと、一連のスムースな手順で、「怪物」のエンジンをスタートさせた。

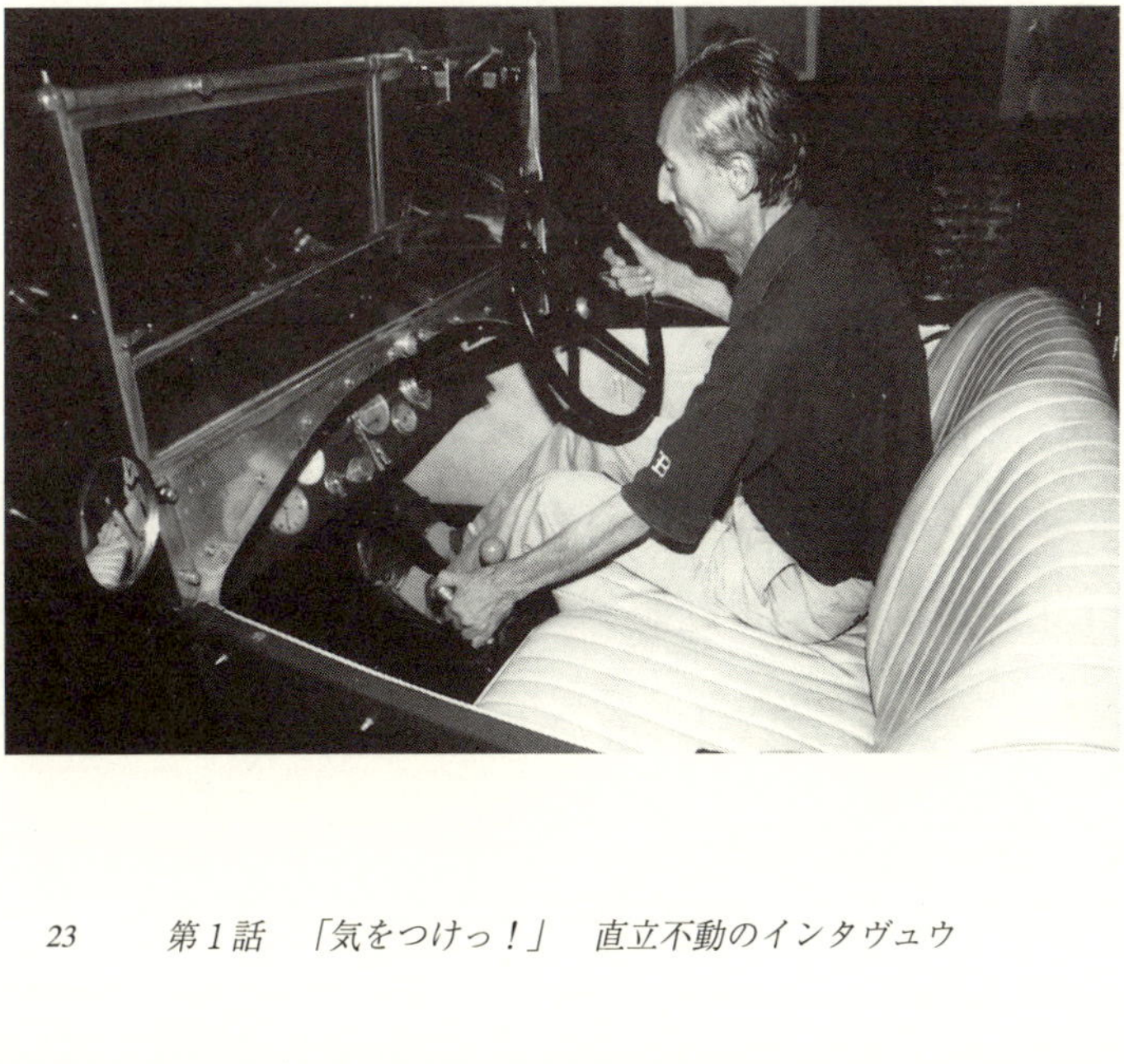

しかしこれらは、熱心なコバヤシスト（小林さんを教祖と拝むひとの総称）なら、先刻ご承知のことにちがいない。著書をはじめ、幾度か小林さんご自身の筆を通して書かれているからだ。コバヤシストの端くれを自認する小生とて、なにか小林さん像を復習（小林さんだったら、一度「おさらいをしておこう」と書くんだろうな）しているみたいであったのだから。

じゃあ、もっと違うことを訊き出せばいいじゃないか。諸賢はそう思うだろう。それができないのは、イノウエのインタヴュアとしての能力の問題だ、と指摘されるかも知れぬ。いや、確かにその通りなのではあるが、あるがしかし、小林さんは手強い方なのだ。

かつて、「Ｃａｒグラフィック」の小林さんの名文を、それこそ暗唱するまで読みふけった者にしてみれば、「最初に手に入れた１９３２年オースティン・セヴンは、やっと走る酷い状態だったけれど、アルバイトして貯めたお金で手に入れ、すべて自力でオーバーホールしたんだからね、文字通りpride and joy ですよ」とか「僕は地味で謙虚で、つつましいもの、英語でいえば understated なものに惹かれる性格があったんだな」などと、ほとんど小林さん独自の「個有形容詞」が、実際の会話の中でも聞かれるのだから、まあ、小生などはもうそれに聞き入ってしまうほかはなかったのだった。

## 初めての、そして永遠のクルマ
## オースティン・セヴン

そのオースティン・セヴンの話をお訊きした。誰でも最初に所有したクルマというのはその後のクルマ趣味に微妙に関連していて面白いものだが、オースティン・セヴンについては、小林さんが最初に手に入れたクルマというだけでなく、時には複数所有し、いまでも持ちつづけておられるということで、特別な興味が湧いてくる。

いうまでもなく、戦前の英国大衆車の鑑のような存在。1922年から39年までの間に30万台もがつくられ、広く人々に自動車を浸透させた。自動車趣味の先輩の国だけに、この大衆車をベースにしたスポーツ・スペシャルも多くつくられ、単に実用車としてだけでなく楽しみの要素も期待できた。

「ご存知のように、僕が初めて持ったクルマはオースティン・セヴンです。学生のとき、どうしてもクルマが欲しくて懸命にアルバイトしていたときも、最初からオースティン・セヴンしかないと思っていました。当時実用になる最低限度のクルマは、1936年から1938年ごろの戦前型ダットサンでした。教習所で乗ったし、友人の家も持っていたんですが、あれに乗るくらいなら、歩いた方がずっとましだと思ってました。戦前のダットサンというのは、それほどひどいものでしたからね、オースティン・セヴンは、それに較べたらすべての点で次元が違いました」

――普通に考えたら大きいもの、派手で目立つものへといくときに、その逆の小さなセヴンを選ばれた理由は？　好みといいますか、性格的なものだったんでしょうか。

「僕はとにかく自分のクルマが欲しかったんです。だが学生だからお金がない。当然うんと安いクルマしか買えない。そうなると、当時は自動的に、戦前の旧いクルマになってしまうんです。

ガレージの奥にオースティン・セヴンが。これも一発始動だった。

そのなかではオースティン・セヴンがベストだと思っていました。セヴンは、戦前の日本にかなりの台数が輸入されたので、1950年代の東京では、まだ結構たくさん走っていたんです。

だから選択の余地はなかったといってもいいでしょうね。最初からクラシックカーを選んで買ったのではなくて、それしか買えなかったのです」

「でも、オースティン・セヴンが欲しい、といったって簡単にはいかない。1950年代前半というのは、庶民の平均的な所得に対して、クルマの価格の相対的に一番高かった頃じゃないかな。学生の分際でクルマを買うなんていったら、あいつは頭がオカシクなったんじゃないか、って周りから思われた。それくらい庶民からは縁の遠いものだったんですよ」

欲しいと決心してから実際に入手するまでに2年を要した、という。アルバイト先で、三本和彦さん（著名なもと報道カメラマンの自動車評論家）と出逢った有名な話もうかがった。

「はじめはおきまりの家庭教師、そのうち伝があってアメリカ大使館の日本語学校の先生の助手になった。それは英語ではなくて、正しい発音の日本語を話せばいいというのでね（笑）」

「そこにもうひとり、色が黒くて目つきの鋭い痩せた学生がいたんです。それが三本さん。僕より3ヶ月くらい先にアルバイトに来ていた。彼は報道カメラマン志望で、クルマも好きだった。彼は、アルバイトして『スピグラ』（スピード・グラフィック。機動性のある大判カメラで当時は新聞社などで多く使われた）を買うと言うんです」

「スピグラを買うなんて、夢のまた夢。18万円位したんだから。セヴンも程度がよいのは15万円くらいしました。それじゃどちらが先に手に入れるか、晩飯を賭けようと」

そうして、小林さんは5万円（それは破格の安さだった。それでも当時は一流企業新卒のサラリー半年分以上に相当したという）で1932年式オースティン・セヴンを手に入れた。

「賭けは僕の勝ちだった。5万円だったから早かった、というだけなんだけれどね」

それでも得意満面、「pride and joy」であっただろうことは、容易に想像がつく。東大広しといえども、クルマで通っている学生は僕ひとりだったと思う、と著書の中で述べておられる、このひと言でその気持ちは充分に伝わってくる。

そして、手に余らない小型車の模範が如く、ずっと小林さんのガレージに（少なくとも1台は）半世紀近くを経たいまも居つづけるのだから、オースティン・セヴンというクルマの「価値」も理解できよう。そして、その背中を見て、何人ものクルマ好きがオースティン・セヴンの愉しみを享受しているのは興味深いことではあるまいか。

## 1台を選ぶなら躊躇なく
## ランチア・ラムダを名指しする

小林さんのこだわるもう1台。

「僕のいま持っているクルマには、それぞれみんな存在理由があるんです。けれども、どうしても1台しか持てないといわれたら、躊躇することなくランチア・ラムダの名を挙げますね」

といわしむるランチア・ラムダ。先に軽井沢で乗せていただいた「怪物」である。

小林さんをして、そこまでこだわらせるラムダとは、いかなる魅力の持ち主なのだろうか。そういう興味とともに、小林さんにとって、たとえばフェラーリだのポルシェだの、分かり易い「人気ブランド」とはどう違うのか。そういう「人気ブランド」には「思い入れ」はないのだろうか、という小林さんに対する興味も湧いてくる。

まずは機先を制すべく、かかる愚問を投げてみた。果たして小林さんにとって気の乗る質問ではなかったようだ。

小林さんにフェラーリの好き嫌いを訊くなんて……　走らせて痛快だったといわれたディーノ246ＧＴ。これで箱根を走ったときの記事は「ＣＡＲ ＧＲＡＰＨＩＣ」1973年9月号だった。途中でファンベルトが切れたのを、自分で直してしまったら、ディーラーに驚かれた。ディーノはよかったけれど、これがフェラーリ308ＧＴＢになると……

「フェラーリ？　僕にとってのフェラーリ……　まず、所有したいなんて気持ちはぜんぜんないですね。日本には、フェラーリをそれらしく走らせる環境がないもの。僕にとって痛快だったフェラーリの記憶は、ディーノ246GTが出たばかりのころ、それで箱根をガンガン走ったときくらいかなあ。それが308GTBになると、ボンネット表面が水平になったために、これから進入しようとするコーナーのエッジが見難くて、思い切って飛び込めなくなりました。246GTだったら、フェンダーの峰との間から先がよく読めた。こういうわずかなところで、ワインディングの走りやすさが違ってくると僕は思いますね」

なるほどフェラーリには小林さんが望むそういったことより、たとえばきらびやかさや存在感の大きさ、はたまた生産性だとかコストだとか、優先することがいっぱいあるから、波長が一致することはまずないのだろう。

「僕にとってクルマの面白さは、それらしく存分に走らせたり、自分で手を油だらけにして修復したりすること。そういう視点からいうと、自ずと興味の範囲は決まってしまう」

——忘れられない小林さんの記事のひとつに、1975年1月号のフェラーリの記事があるんです。小林さんが、新着のフェラーリ365GT4BBで箱根に行くという……

「……さあ、あまり憶えていないですね。それよりも、フェラーリならごく初期の166。2リッターのV12を載せたあのモデルは、唯一『ライトウエイト・フェラーリ』といえるんじゃないでしょうか。スパイダーとベルリネッタのペアを、ある愛好家の方から2台いっぺんに拝借して、公道と谷田部で乗ったことあります。あれはよかった」

「BB」についての小林さんの感想や裏話といったようなものはついぞ聞かせていただけなかった。好みに合わないのは間違いなかったようだが。

ブランドの価値などは、まったく意に介しておられない。そのことをいう代わりに、ブレシア・ブガッティの話をしてくれる。

「初期のブガッティにブレシアというモデルがあるんです。これはブガッティのなかでも独特でね。僕は大好きです。GPモデルがブガッティのすべてだと思っているひともいるけれど、そうじゃないんです。特に日本では、タイプ35BのようなGPモデルを持っている人のほとんどは、所有するだけで満足しているのか、まったく乗らないですね。でも本当は、どんなブガッティでも走らせればとても面白いし、特にGPブガッティのようなサラブレッドこそ、走らせなければ持っている意味がないと思うんですがね。

小生が気になっていた「ＣＡＲ ＧＲＡＰＨＩＣ」1974年1月号。小林さんが自宅でクルマの手入れをしていたときに、友人が「ＢＢ」を見せにきて、それから2週間後に箱根まで行った、という設定から、臨場感があって面白かった。下は小林さんが「ライトウエイト・フェラーリ」と評価するフェラーリ166。

僕と家内は、1985年に親切なオーナーが貸して下さったタイプ51GPブガッティで、モンテカルロ・ラリーに出場したことがあります。パリからモナコまで、1400km走りました。タイプ43という過給機付き2・3ℓ、8気筒スポーツで、ミッレミリアにも出場しました」

「初期のブレシアはかなり原始的な設計で、GPモデルとはまったく別の魅力があります。平均的なオーナー像もちがうんです。彼らの共通点を挙げれば、まずあまりお金持ちじゃない。技術的な関心が高く、すべて自分で直す。だからいつもオイル染みだらけのラフな格好して、手は真っ黒。運転の腕はいいが、少々ワイルドなんです。

だいたいブレシアのオーナーは、それがブガッティというブランドだから乗っているわけではないんです。

自分でバラして直せばわかるんですが、構造が特殊で面白く、操縦すればもっと面白い。だから乗っているんですね。僕はオンボロのブレシアを大阪で発掘して手に入れ、15年がかりで直し、二度ヨーロッパのラリーに出場しました」

愚問ついでにポルシェも訊いてしまった。

上、現代のアルファＳＺことＥＳ30。下、ちょっと前のポルシェ911（1992年ポルシェ911カレラＲＳ）。このふたつの関係は？　フェラーリにつづいて、ポルシェについても小林さんに訊いてしまったときのことである。正解は次ページの本文を。

「一時アルファSZ、現代のES30に乗っていましたが、僕には911より絶対ES30の方が面白い。平凡な75セダンをベースにしながら、ハンドリングは素晴らしいと思う。ポルシェに較べたら比較にならないほどロー・テクのクルマなんですが、走ったら満足感がありますよ。けっこう実用になるしね。911と同じくらいには使えます。それにいい音がするしね。だから僕はES30でいい」

ポルシェの答はアルファ・ロメオになった。ポルシェが素晴らしい仕上がりの工業製品だとしたら、アルファSZはキットカーほどの出来ではないか？　でもそういう部分は、趣味人の小林さんとしてはさほど大事なことではないらしい。

「走って愉しいのは確かなんだけれど、難をいえば、今日は乗ってやるぞっていう気合いが要る、アルファには。でも、アルファSZでは何遍か神戸まで行ったりしたからね。僕の性にはポルシェよりずっと合っているんだろうな」

「旧い新しいも関係ない、いいクルマで、操縦して面白ければいいんです。そうやって好みを絞っていったら、結局ヴィンティッジ・カーに集中してしまっただけで……」

ランチア・ラムダは、1922年に発表され翌1923年から31年までに1万3000台が量産された、ランチアにとっての出世作であり、戦前を代表する最高傑作である。初めてフル・モノコック構造シャシー、スライディング・ピラー前輪独立懸架、狭角V4のコンパクトなエンジンを有機的に結びつけたラムダは、時流を少なくとも20年先んじていた。小林さんと齢をほとんど同じくする1927年式のランチア・ラムダ7シリーズ・トルペードが、ナンバープレートも眩しく、いま小林さんのガレージに収まっている。

こう書いたのにはわけがあって、

「英国にもう1台のラムダが置いてある（1994年に入手されたという1924年式トルペード）にも関わらず、どうしても日常手元にないと淋しくてしょうがないから、去年（2000年）もう1台手に入れたんです。オーストラリアの古い友人が、3台持っているんだけれど、引っ越すのでどうしても手放さなければならない。日本で誰か欲しい人はいないかって言ってきました。それで反射的にOKしちゃったんです」

「でも、そのために40年間愛用した1936年アルヴィスを手放しました。資金とスペースのためにね」

それほどランチア・ラムダがいいわけは、とにかく革新的だったことに尽きよう。それも奇をてらった革新なのではなく、理屈の裏付けがしっかりしていて、それがそのまま走りにも表われている（という）。趣味で入れ込むものほど、この理屈の裏付け、というのは嬉しいものだ。入れ込む大きな「原動力」になる。

「全くの実用車ですよ、このラムダは。路上用、楽しみの路上用として現代でも使えます。ホイールベースは３・３mもある長大なクルマですが、ロンドン・タクシー並みに小回りが利きます。ブレーキだってよく効くし。ラムダほど運転し

小林さんが40年間愛用していた1936年アルヴィス３1/2ℓ。2代目のランチア・ラムダのために手放されたという。

て満足感を得られるクルマはありません」

その満足感とはいかなるものなのだろうか。たとえば小生は2台の異なる性格の趣味のクルマに乗っている。その1台、「カニ目」ことオースティン・ヒーリー・スプライトは、走らせて愉しいクルマだ。たかだか60PS（オリジナルは43PSの948ccだが、小生のは1275ccに換装してある）ほどのパワーだから、絶対的速度や加速感はしれたものだが、それでも路面からダイレクトに伝わる感触を楽しみながら、持てる性能をフルに使い、プアなブレーキの一助とすべく交通の流れを読みながら走るのは、実に満足感の得られるものだ。それに似たもの、あるいはそれをさらにディープにしたものか、と想像した。「カニ目」を卒業して、小林さんの世界（友人の中にも、旧い、自分より歳上のオースティン・セヴンに乗っているのが何人かいる）に突入することはこの先あるのだろうか。それとも年齢的なものもあって、小生にはこのまま「カニ目」がひとつの「最後の皿」として居つづけるのだろうか。

ラムダを理解しようと、自分流に翻訳したら「カニ目」になってしまった。

# われわれが憧れたイタリアン・ボディの2台 DB4GTザガートとSZ

こんどは、小生が興味のあるクルマのことを訊く番であった。存じ上げている小林さんのクルマの中で、興味のあるものを名指しした。この時点でも、まだ「まえがき」にあったような趣旨だったから、なにはともあれ、アストン・マーティンDB4ザガートについてお訊きした。

「アストン・マーティンねえ、本来は僕は贅沢が出来ない性格なんだけれど、まあ一生に一度くらいの贅沢もいいかなと思ってね。アストンは周りに少なかったから、馴染みは薄かった。それにDB2/4以後の各モデルは、スタイルがぼってりしていて余り好きじゃなかった。でもDB4GTザガートだけは別だったんです。それは英国の優れたエンジニアリングとクラフツマンシップに、イタリアのしゃれたスタイリングですから、二つの世界のいいところを兼ね備えているわけです」

——われわれも理想のクルマ選び、ドリームカーとしてあれこれ意見を闘わせていたとき、英国とイタリアのいいところが備わった、夢の1台を発見したように心密かに思っていたもので……

アストン・マーティンＤＢ４ＧＴザガートは、英国クラフツマンシップとイタリアのエキゾティックなボディが組み合わされた、まさしくドリーミイな１台。英国で見て、感激をしていた。それを小林さんが入手されたと訊き、いたく感動したのではあったが、当のご本人は……

「で、あれはいいなあと。そう思っていたときに、ちょうどいいタイミングで、売り物が『Motor Sport』誌の売買欄に出ていたんです。売り手はプライヴェート・ティームのオーナーで、自分でもヒストリックカー・レースに出ている人でした。しかも2台持っているんです。ちょうど仕事で英国に行ったとき連絡して、本人に会いました。2台のうちの一方は有名なクルマで、ジム・クラークが乗ってレースした完全なレース・チューン、もう1台は、モスがレースで乗ったクルマでした。あなたはどういう使い方をするのかと訊くから、まあ街でも乗るし、レースもしたい。そうか、それだったらモスの方にしなさい、ジム・クラークの方はレースで大クラッシュしたときに、さらに軽量化したので、路上で実用にするのは無理だろう、と。そっちの方が1000ポンドくらい安かったな。これはバブル以前で、いま考えればウソのように安かったんですよ、このザガートは1万7000ポンド（当時の日本円に換算すると、825万円ほど。ちなみにその価格は、小型フェラーリの半分以下だった）くらいでしたから。でも僕にとっちゃ大金でね、とてもひとりじゃ買い切れないから、薄井さん（今市の愛好家、薄井辨三さん）に電話して、どうだ半分ずつ出して買おうじゃないかって言って買ったんです」

――やはり、新しくクルマが増えるということは嬉しいことなんでしょう。

「もちろんそうです。ところが乗ってみてビックリしました。英国で持ち主と交渉したときは、現物のクルマは田舎にあって乗れなかったのです。基本的にはレース仕様です。タイヤが15インチと、オリジナルよりも1インチ小さく太いのが付いていました。なによりステアリングがものすごく重いんです。それからブレーキが4輪ディスクでノンサーヴォ、おまけにレース用パッドでしょ。冷えているときは、それこそブレーキペダルのうえに立つようにして踏ん張っても効かない。回転半径もやたらに大きい。最低地上高も極端に低いのです、ミニ・クーパーSのレース仕様くらい。マンホールもよけて走る有様でした。

結局、気持ちよく走れたのは高速道路だけでしたね。それで、まあこれではぜんぜん実用にならん、と。何度かサーキットやヒルクライムでは走りましたけど」

意外なほど冷淡に聞こえた。少しアストン・マーティンの味方をしたくなって、質問をつづけた。

──でも、あんな世界的なコレクターズ・アイテムを手に入れられて、そういう歓びというか……

「ないですね、ぜんぜんない。乗らなくちゃ意味がない！」

言下にいわれた。ことばが継げなかった。

「2年か3年持っていましたけど、まったく使い途がない。もとよりクルマを仕舞って持っておく趣味はないし、動かさないと良いクルマほど痛んでしまうでしょ。それで、このクルマが日本に到着した瞬間から、将来もし処分するときが来たら、ぜひ譲って欲しいといっていたNさんに、ほとんど原価で売りました。僕はコレクターでもインヴェスターでもないから」

――でもDB4ザガートなんて、趣味人好みの1台を小林さんが手に入れられたことで、われわれは、自分のことのように興奮していたんですよ。小林さんを見る目が変わったって感じませんでしたか?

「知らないなあ、僕はそういうことには興味がないし関心がないんでね」

これもダメであった。訊かなければよかったと、ちょっと後悔した。

もうひとつ、アルファ・ロメオのジゥリエッタSZも、同じ方向のクルマとして、興味があった。

「あれもレース仕様です。ノーマルが100PSのところ130PSにチューニングしてある。手に入れた直後、ツクバのレースにぶっつけ本番で出たときのことです。ピットロードを走り出してはじめて気が付いたんだけれど、すごいロー・ギアードなんです。気が付いたら8000rpmも回っている。最初てっきりクラッチが滑っていると思ったら、そうじゃない、原因は極端に低いギアリングだったんですね。

もうひとつ、アルファ・ロメオのジゥリエッタＳＺも、われわれが「Ｃａｒグラフィック」の記事で好きにさせられた１台。もちろん走っても面白いが、それ以上にスタイリングだとか、レースでの活躍だとか、誕生までの物語だとか、そういう周りのことも好きになった理由だったのだが。

ツクバでは4速で吹け切ってしまう。FISCOでは、コントロール・タワーの手前でもう5速／7500rpmを超えちゃう。レースは3回で止めて、あとはもっぱらヒストリック・ラリーに使っています。コッパ・デ・小海にはあれでもう10回くらい出ています」

軽井沢のガレージ前にSZを出していただく。仰有るとおり、高度にチューニングされたエンジンはちょっと気難しそうだったが、小林さんはこともなげに操っておられた。

## クルマ趣味を意識しないでここまでつづくものなのだろうか

あくまでも小林さんは、走ること、に徹しておられるようであった。小生などだったら、もちろん走ることも好きだけれど、美しい或いは個性的なスタイリングのクルマは見ているだけでも飽きないし、そのブランドのヒストリイやつくりだした人物にまで思いを馳せて、クルマを所有することでその物語まで手に入れた満足感に浸ったりすることもある。

ところで、そうした趣味というものには、どういう意識を持っておられるのだろうか。

「いや、趣味なんていう自覚はなかった。とにかく好きなことをしてきただけです。僕がクルマを初めて手に入れようと思った１９５０年代前半当時、クルマ趣味といえばクルマの雑誌や本を読んで知識を蓄えること、カタログを収集したり、足を棒にして新しいクルマを探見して歩き、写真を撮ったりすることがすべてでした。もちろん僕もそうしました。でもそれだけでは満足できなかった。たとえどんなボロ車でもいい。自分のクルマを所有して、自由に、好きなときに、好きなところへ行きたいと思ったのです。いまの若者ならまったく当たり前なことですが、いまから50年まえの日本では、まだ誰もクルマを所有しようなどとは考えもしなかった頃からですからね。ただ僕は当時からクルマが欲しかっただけですよ」

小林さんは、趣味という感覚も、さらに訊いていくと「Ｃａｒグラフィック」誌を創刊したときでさえ、どういうものをつくりたいだとか、この雑誌で世の中をどう変えていきたいだとか、明確な意識は持たなかった。ただ自然に欲するまま、好きなクルマに接し、自分たちが読みたかった雑誌をつくっただけ、という。そんな……

小生など、まだホンの子供だった頃から「鉄道模型趣味」誌（クルマにいくのはそのあとだった）など大人の趣味誌を読んで、大人の先輩たちが趣味に打ち興じているのを見、よし、これはいくつになっても愉しめる一生掛かりの趣味なのだ、とのめり込んだ記憶がある。雑誌をつくったときも、先述のように同人誌的雰囲気を取り戻したいという小生なりの意図があったつもりだ。果たして、明確な意識なしに生涯クルマにここまで関わりつづけ、あんなにポリシイのはっきりした「Ｃａｒグラフィック」誌が創刊できるものなのだろうか。

そんな……は、ごく自然な疑問と驚きの表現であった。だが、あくまで力みのない小林さんの話し振りを目の当たりにすると、われわれの感覚を超えた「大物」、スケールのちがいを納得してしまうのだった。

したがって、つづいてお訊きしたかったことは噛み合うことなく、以下の結果に終わってしまったのだった。

——ずーっとクルマが好き（敢えて趣味といわなかった）で飽きませんかね。飽きないもの、生涯の趣味としてクルマや鉄道を選んだ、と自分では思っているんですけれど。飽きないための努力などしたことは？

「そんなこと考えたこともないですよ。努力もなにもない。いつも持っているクルマをどうやってもっとよくしようかってことばかり考えている。飽きる暇もないです。単細胞なのでしょうね、きっと。まだやりかけのことがたくさんあって、しかも老い先短いですから、飽きるどころじゃないですよ」

——クルマ趣味から足を洗ってしまうひとも少なくないんです、飽きてしまって。そういう人たちになにか指針でも、と思ったんですが……

「いや、飽きるということがわからないからなんともいいようがないなあ。飽きたとかいって止めちゃうのは、もともとそれほど好きじゃなかったんじゃないですか？それに、お金があるから最初から最上のもの、完全に出来上がっているものを買ってしまうから、飽きるということもあるんでしょうね。僕は金がないからボロを買うでしょ。それがいい。しなければならない仕事がいっぱい出てくるからね。ほら、ジョブ・リストがこんなにある」

メモ用紙には、ラムダのホイール／タイヤの手当のことや、ブレシア・ブガッティのパーツ注文、ライレーのブレーキ調整その他、クルマ別にしなけ

やはりいま小林さんが一番気に掛かっているのは、ランチア・ラムダなのであろうか。乗せて戴いたら急に身近に感じられた。

ればならない仕事が細かく書き記してあった。

——趣味のクルマは、2台がいいところ、ひとりの手に余る気がするんですが。

「一般的にはそうでしょうね。でも戦前のクルマはそうでもないです。少数の例外はありますが、油圧ブレーキは戦後型からでしょ。油圧ブレーキは、長く放っておくと、オイルは漏れるし、水を吸って錆びるから注意が必要です。そこへゆくと、戦前のクルマはほとんどメカニカル・ブレーキですから、錆だけ気をつければいい。そういう意味で、3台以上あっても大丈夫ですよ。忙しいのはしょうがないとして」

——小林さんが戦前の太古車にいくのは……

「育った年齢もあるけれど、それ以上に、自分で直すのが好きですからどうしてもその時代に行くんですね。旧いクルマは構造が単純明快で、素人目にもカラクリがよく分かる。機械のカラクリの面白さ、使われている金属材料の贅沢さ、デザインの美しさなどが、ヴィンティッジ・カーの大きな魅力なんですよ」

## 基本的に自動車の雑誌はエンターテイメントだと思っている

雑誌づくりは「天職」で、クラシックカーを修復し、それでレースやラリーにでるのは、純粋に道楽の領域。そう小林さんは仰有る。

小林さんがいかにして「Ｃａｒグラフィック」誌を興し、発展させてきたか、それは小林さんの数々の著をはじめ幾度か述べられている。ことさら口に出してお話しにはならなかったけれど、一にも二にも、基本的なポリシイがしっかりしていた、それが「Ｃａｒグラフィック」誌に多くの読者と熱心な信奉者までも生み出した因にちがいない、と小生は思っていた。

小林さんにそう水を向けても、空振りに終わってしまう。

「ぜんぜん気負いはなかった。自分たちが読みたいような雑誌をつくることだけが頭にあって、これで世の中を改革しようだとか、国産車を世界的水準に引き上げてやろうとか、そういう大それた気は、少なくとも当初はなかったですね。結果的に、日本車の進歩発展に多少寄与できたかもしれませんが。僕は、クルマが好きだったけれど、それ以上に自動車雑誌をつくるということが好きだったんですね」

本当ですか？　と念を押しそうになった。そういう意図なしに、「Ｃａｒグラフィック」誌のような個性的な雑誌、40年もつづく雑誌がつくれるものだろうか。逆に、ただただ自分たちの読みたいような雑誌をつくる、そこに妙な意図がなかったからこそ成功したのだろうか。なにか、マイナスとマイナスを掛けるとプラスになるような、不思議な力を感じてしまう。

「ただね、これだけはやりたい、と思っていたのが新車のテスト。花森安治さんの『暮らしの手帖』の商品テストの思想を手本にして、そ

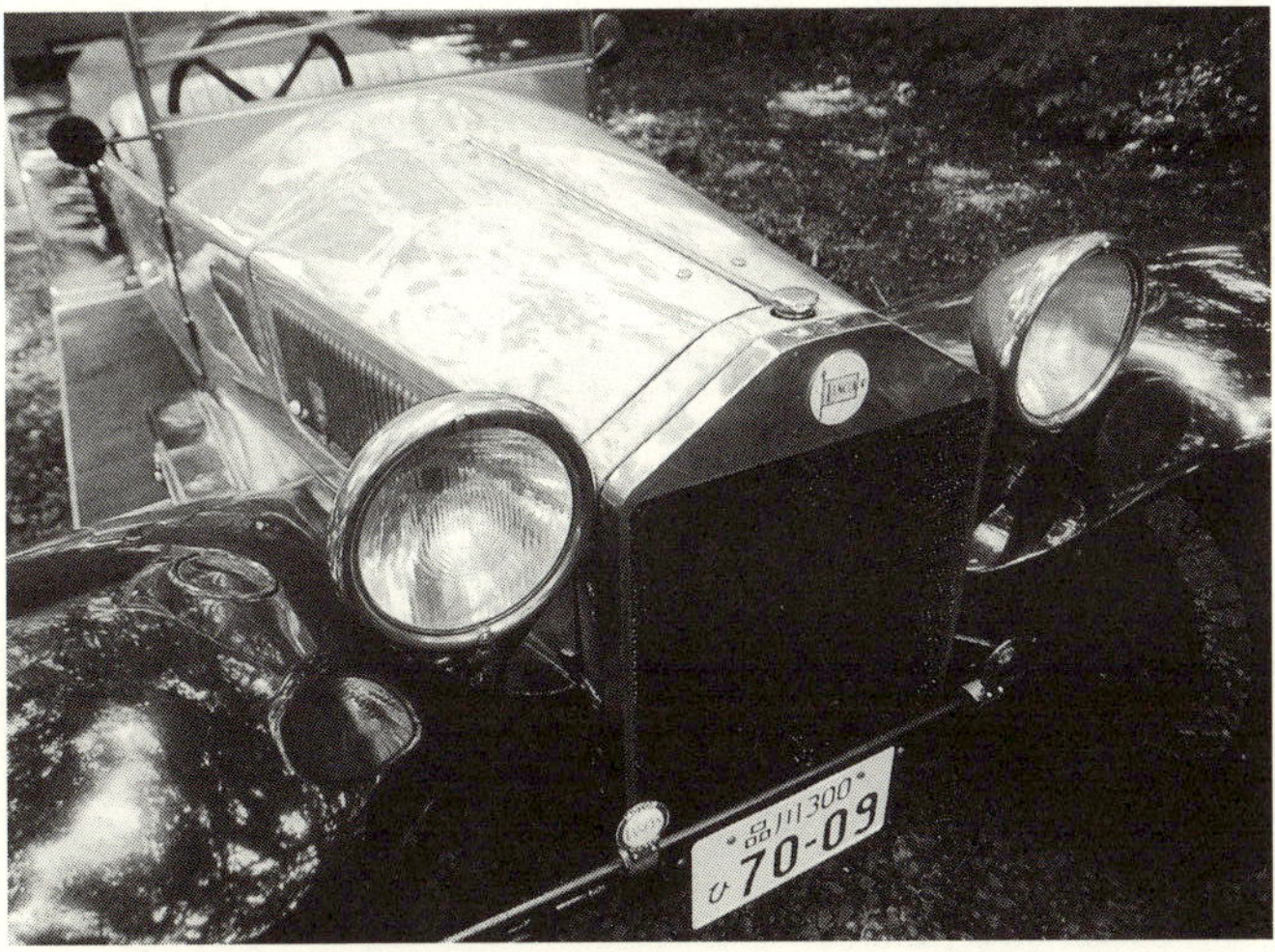

れこそ『クルマの手帖』を。具体的には正しいロードテストと長期テストをしたかった」

「そう、僕は忘れていたんだけれど、小学校の同級生の浜素紀さんと話をして、将来なりたいのはテスト・パイロットだと、そう僕がいっていたといわれたんです。それはたわいもないことなんですが、その頃、確かB17の試験飛行だったのかな、そういうテスト・パイロットが主人公のアメリカ映画を見て、すっかり夢中になったんですよ。戦時中だから男の子はみんな飛行少年だったんだけれど。僕は特にそうだった。それがあったから、というわけではないんだけれど、『Ｃａｒグラフィック』でクルマを厳正にテストして、正しく評価する、というのは、ひとつの使命のように思っていたな」

確かにテストは、ひとつのエポックだった。でも小生などはテストよりも、ストーリーや小林さんの書かれたインプレッションを好んで読んだ。ジャーナリズムとこうした趣味の部分。その境目はどうつけておられるのだろう。そのことをお訊きしたら、図らずもすごい答をいただいてしまった。

「僕は、基本的に自動車の雑誌はエンターテイメントだと思っているんですよ」

ホントですか？　今度は逆の意味での念押しであった。最近、クルマの雑誌が進化し過ぎて、あまりに正確で緻密な評価をしてしまったために、クルマがつまらなくなった、という話を何人ものひとから聞いて（本書のなかでも、何度かそのことが出てくる）、そういうお話をしようかと思っていたら、先に答をもらってしまったような。

「片方ではいわば厳正で正確なメートル原器を持っていなければいけないけれど、もう一方で、必ずクルマに対する温かい気持ちは持っていなければいけないと、いつもスタッフにいってきました。単純にモノサシだけでいい悪いをいうのはメーカーに任せておけばいい。そうじゃなくて、クルマというのはこんなに楽しいものだという、計測では量れない叙情的な部分がたくさんある。自分で動かせる一番大きな機械、自分の体の延長みたいな部分が。それを大切にして、単純な計測屋になってはいけない、と」

胸のつかえがおりてしまった。そうですよね、物事には両面があって、表側から見るか裏側から見るかで、大いにニュアンスは異なる。「好き」の側からクルマを見ることで、われわれは楽しんできたんですからね。それを称して小生は「同人誌的」といったわけで……

小林さんは、「Ｃａｒグラフィック」誌でクルマとのひとつの世界を定着させてくれた。

じゃあ、当時の小林さんのような仕事をいまするとしたらなんだろう。遠く及ばないまでも、好きなクルマのために、趣味のためになにかをしておきたい。考える余裕を与えてくれるより前に、小林さんの話は次にいっていた。

## 結論、やはり面白いのはひととクルマを通じてひととの輪が最高

少し話が途切れると、小林さんは思い出したように、ジョブ・リストのメモを見ていらっしゃる。

「ラムダはまだしなくちゃならないことがたくさんあるんです。もともとオーストラリアに輸出されたコロニアル・モデル（植民地仕様）なんです。で、タイヤも本来20インチのところが22インチになっている。この変なサイズにはいいタイヤがなくて、いまもアメリカの聞いたこともないメーカーのがついている。それを戻さなくちゃならないのが、当面の仕事なんです。ハイギアリング過ぎるので、タイヤを20インチに戻すことを計画しています」

やはりラムダは、走らせてこそのクルマだ。

「イタリアで、ラムダだけ50台くらい集まって走ったことがあります。イタリアでそういうイベントが開催されて、僕は英国に置いてある1924年型で参加しました。最初は1996年でした。『フォベッロ96』といって、フォベッロというのはかのヴィンツェンツィオ・ランチアの生まれ故

郷、かつて彼がラムダを開発中に使ったテストルートを辿って走り、フォベッロの山の上にある一族の館を訪ねる、いってみれば巡礼の旅なんです。5年後の今年9月にも同じイベントがあって、また僕らも参加して、世界中から集まったたくさんのランチスティたちと再会を喜び合いました」

「でも、クルマも面白いけれど、やはりひとが面白いな。旧いクルマの仲間は、性別も国籍も地位もなにもなくて、同じクルマを持っているというだけで、長年の知己のように仲良くなれるのです。世界中にそういう仲間がいるわけですよ。行けばいつでも大歓迎してくれる。旧いクルマを持っていて、それがなにより一番嬉しいことですね」

そうですね、クルマをつくるひと、操るひと、直すひと……　そういう面白いひととクルマの関係を見せていただくのも嬉しいことです。

小林さんご自身も、浜徳太郎先生（浜素紀さんの父上、斯界の大先輩）に背中からいろいろなことを教わった、と著書に書いておられる。われわれもクルマとの充実した愉しい生活を送りたい、背中を見られても大丈夫なように。

小林彰太郎（こばやし・しょうたろう）さん
1929年、東京生まれ

# 第２話　元ホンダ・デザイナー、軽井沢の秋

佐藤允弥さんと2台のＭＧ

「ホンダ・コレクションホール」の選定人でありプロジェクトリーダーであった佐藤允弥さんが、いま旧い英国車を直しながら軽井沢暮らしをしておられる。そういうお話を、誰あろう小林彰太郎さんからうかがった。

軽井沢暮らし、というのも興味があったし、もちろん佐藤さんのホンダでのキャリア（四輪車がスタートした頃から、ずっとデザイナーとして仕事をされていた）についても「ホンダ・コレクションホール」についても訊かせてもらえる話がいっぱいありそうだ。それに自分でレストレーションされたという2台のMG。いくつものテーマを携えて、またしても軽井沢を目指したのであった。

いただいた名刺には「本田技術研究所社友　佐藤允弥」とあった。「ホンダ・コレクションホール」の仕事を最後に、ホンダをリタイアし、軽井沢暮らしをはじめたのだという。本当は定年になったら英国に住みたいと思っていた。でも調べたらガレージ付きの家は思いのほか高い。国内でも軽井沢以外のところにいくつかの候補があったそうだが、

「結局、軽井沢が一番安かったんですよ」

と意外な答で、ここに決められたのだという。

ここに越してきて3年。住み心地のよさそうなコテージ風の住居に、工房とガレージの一棟をあとから建てた。そこで、クルマをレストレーションしたり、奥様のガラス工芸の工房を手伝ったり、「庭をメインテナンスしたり、薪を割ったり、結構忙しく（笑）、そういうカントリイライフを楽しんでいますよ」と。

心地よいさわやかな風を感じながら、オープンテラスのテーブルで話を伺った。

## 「Carグラフィック」誌ができて間もなく豊かでない頃の小林さんに初めて逢った

「初めて小林彰太郎さんに逢ったのは昭和37、38年、もう40年も前になりますね。大学の先輩でクラシックカー・クラブの浜素紀さんに紹介されたんです。当時、小林さんも豊かじゃなくてね（笑）、クルマだって中古のオースティンかなにかだった。そうだよ、ちょうど『Carグラフィック』誌を出して間もない頃で、大変だった時期じゃないですか」

ガレージの前で奥様にも並んで戴いて、記念撮影をさせてもらった。詰めれば3台入るガレージには、いま2台のMGがいつでも走り出せる状態で収まっている。ガレージの奥には奥様のガラス工芸の工房を併設。下は佐藤さんご自身の筆になるMG - TC。もちろん人物は自画像である。しっとりといい感じが伝わってくる。

そう、小生も先日、小林さんにインタヴュウさせていただいた折、いきなり「ガソリン代に事欠いたり、ウチは米びつの中が空になったことだってあったんだぜ」と聞いて、ちょっと驚いたのだが、それは「Ｃａｒグラフィック」誌創刊間もない頃、当初は売れ行きが伸びず、原稿料が滞った結果であった。

「かつてはよく誌面にも名前が出てきた武田秀夫さんがうちの会社に一緒にいまして、よく旧いクルマのことを教えてもらったものです。僕はホンダに入ったばかり。小林さんも憶えていらっしゃらないと思うけれど。

そのうち『Ｃａｒグラフィック』誌は売れはじめて、二玄社も景気よくなっていって、僕は読者として『カーグラ』で育ったんですね。

最近は軽井沢のご近所、という感じで、小林さんがこちらにお見えの時には、よくお目に掛かっています」

佐藤さんはホンダのデザイナーだった。それもホンダが四輪車をつくりはじめる頃の、いってみれば「自動車デザイナーの先駆者」のひとりだったかもしれない。

「学校、芸大の金属工芸なんですが、そこを卒業してすぐホンダに入りました。社員が1万人だか2万人の規模でね。そうです、まだ四輪はやっていませんでした。鈴鹿工場ができたばかりで、浜松と東京だけでしたね。

もともとクルマの会社に行きたいと思っていたんですが、オートバイも好きで、まあ、それでもいいかな、と」

――じゃ、入ったホンダが四輪車に進出すると聞いたときは?

「いや、入社試験を受けたときは四輪車の話はなかったんですよ。それが入ってすぐクルマでしょ、しめた、と(笑)。1962年入社ですから、ちょうどホンダが最初の四輪車を発表したときなんです」

少し裏付けておくと、1962年1月の年初の記者会見で、意気高らかに四輪車に進出することを発表し、その年の6月のディーラー会議というべき全国ホンダ会の総会で、初の四輪車、ホンダS360(そう、幻に終わった「軽」のオープン・スポーツカー)、T360(驚異のDOHCエンジン搭載ミドシップのトラック)を展示して見せた。もちろんその年の第9回自動車ショウ(日比谷ではなくて晴海に会場が移っていた)でS500とともに展示され、センセイションを巻き起こしたのはよく知られるところだ。

――その当時、クルマのデザインなんて、まだまだ確立されていない時期でしたでしょう？当時の様子はどんなだったのでしょう。

「そうですね、自動車会社でも何年か前からデザインのひとも採るようになった、そんな時期です。設計意匠とよばれたりして、いまから思えばデザインのはしりみたいなものでしたよ。ホンダでもデザイン室に学卒9人、全部でも17人しかデザイナーはいなかった。二輪四輪の区別はなかったなあ。誰々が二輪担当という風に分かれているんじゃなくて、ティームが4つくらいあって、今回、四輪やったから次はこのティームは二輪、次はトラクターというようにローテイションするんです」

――キャリアとしてはいろいろできていいですねえ。

「いやあ、まあ……」

――やりにくかったんですか？

「僕は四輪も二輪も大好きだったから面白かったですけれどね。なんでもやりたいひとはいいけれど、興味のないもので苦労したひともいたんじゃないかな。

佐藤さんがホンダに入った頃の懐かしの２台。上のホンダＳ600は、ご存知ホンダの出世作となった小型スポーツカー。実に精巧なメカニズムで、と評判は高いが、佐藤さんにいわせると……
下はその次の大ヒット作、ホンダ「Ｎ」。これでクルマ趣味に手を染めた仲間も多い。文字通り若者の味方。ともに1960年代の作。

途中から四輪、二輪、汎用機などと分かれて。発電機とかやっていたひとが転勤でいなくなって、じゃあ僕がやるか、って、発電機や耕運機は僕がずっと担当しました。汎用機の面白いのは、競争相手が少ない、つまり自由というか真似しなくていいし、デザインは自由だったということ。純粋なデザインとして仕事ができたから、いま思うと非常に有意義でしたね」

——クルマはどんなものを担当されたんでしょう。

「……そうそう、最初はトラック。例のDOHCエンジンのT360のマークだけやらせてもらったとかね（笑）。まだ入ったばかりですから。

次はS500をS600にチェンジするティームで、ヘッドランプ、グリル、バンパーなどを受け持ちましたね。S600用のハードトップもつくった」

——クルマ好きの佐藤さんとしては、もう楽しくて仕方がなかったのでは。

「いや、仕事と遊びはちがいますが、楽しかった。

僕はそのあと二輪、汎用機、最後はまた二輪と担当するんですが、シビックのあと会社は二輪と四輪の場所が分かれた。そのときも二輪に残ったんです。あまり四輪には行く気がしなかったなあ」

――それは何故ですか？　四輪は制約が多くて、好きなことがかえって煩わしい、とか。

「というか、会社全体が四輪志向になっていて、そういう精神的な圧力がもういやになっていたような、まあ、クルマは趣味として楽しもうと思った。N360以後、オヤジは二輪にはわれ関せずでしたね」

――オヤジ、って本田宗一郎さんのことですね。本田さんはそんな直接的にデザインまで意見されたんですか。

「そりゃ、うるさいですよぉ。オヤジの趣味とわれわれの趣味とは違いますからね。みんな『カースタイリング』誌（三栄書房発行のデザイン誌）とかにはデザインの過程など格好よく書いているでしょ。でも外から見るのと中での実際とは大違いでね（苦笑）。中は大変ですよ。売れなきゃデザインのせいだっていわれますからね。

もちろん、デザイナーって独りよがりのところがありますから、貴重な意見なんです。オヤジの意見も貴重なんですけれどね。でも……」

――でも本田さんの意見は個性的すぎた、と？

「いやそれも活かさなければいけなかったのは、いま頃分かりますね。うるさい、と思ったことはあったけれど、オヤジのいいところは、自分がいったことがダメだった場合すぐに、あれはダメだったなあ、と撤回すること。それでずいぶん救われましたよ。それに、若いひとのいいアイディアにはすごい理解を示してくれた。

結局オヤジはディレクター、それも個性の強いディレクターの役をしていてくれたんだな、と。技術系のひとには特に魅力的だったんじゃないかな、そういう琴線はある。

本田さんのときに会社が伸びたのはトップダウンだったから、個性がはっきりしていたということじゃないですか。どういってみてもトップの魅力というか……それは大きかったと思いますよ」

――そうですね。もちろん本田さんを支えたひとの力も大きいんですけれど、本田さんの個性イコールがホンダ車の魅力のように思えて、好きなひとは熱烈なホンダ・ファンになっていた。

「晩年は難しいオヤジになりましたけれどね（苦笑）。現役の頃はいいオヤジでしたね。酒を呑めば楽しいし、必ず忘年会にはでてきてくれたし。ポケットマネーで金は出してくれるしさ（笑）、オヤジといるのはみんな楽しかったんじゃないですかね」

## 朝5時の列車で東京にクルマ見旅行
## クルマとカメラの好きな少年

佐藤さんご自身のことを訊こう。

「そもそもクルマは中学生の頃好きになった。僕の生まれは、静岡だったんですけれど、産業博覧会のようなものがあった。そういうところに、まだおぼろげな時代の国産車や輸入車が飾られていて、そんなのをみてクルマはいいなあ、と。

カメラも好きでね。自動車メーカーじゃなかったら、カメラ・メーカーもいいかな、と思ったくらい」

そんな佐藤さんの「撮影行」。

「朝5時、静岡発の東海道線の列車に乗るんですよ。もう電化されて電気機関車だったなあ。そうすると9時に東京。そこから歩くんです。皇居前、溜池、お茶の水……ええ、クルマ見旅行。駐留軍のクルマがズラーッと並んでいて、アメリカ車でも欧州車でもいっぱいあった。そ

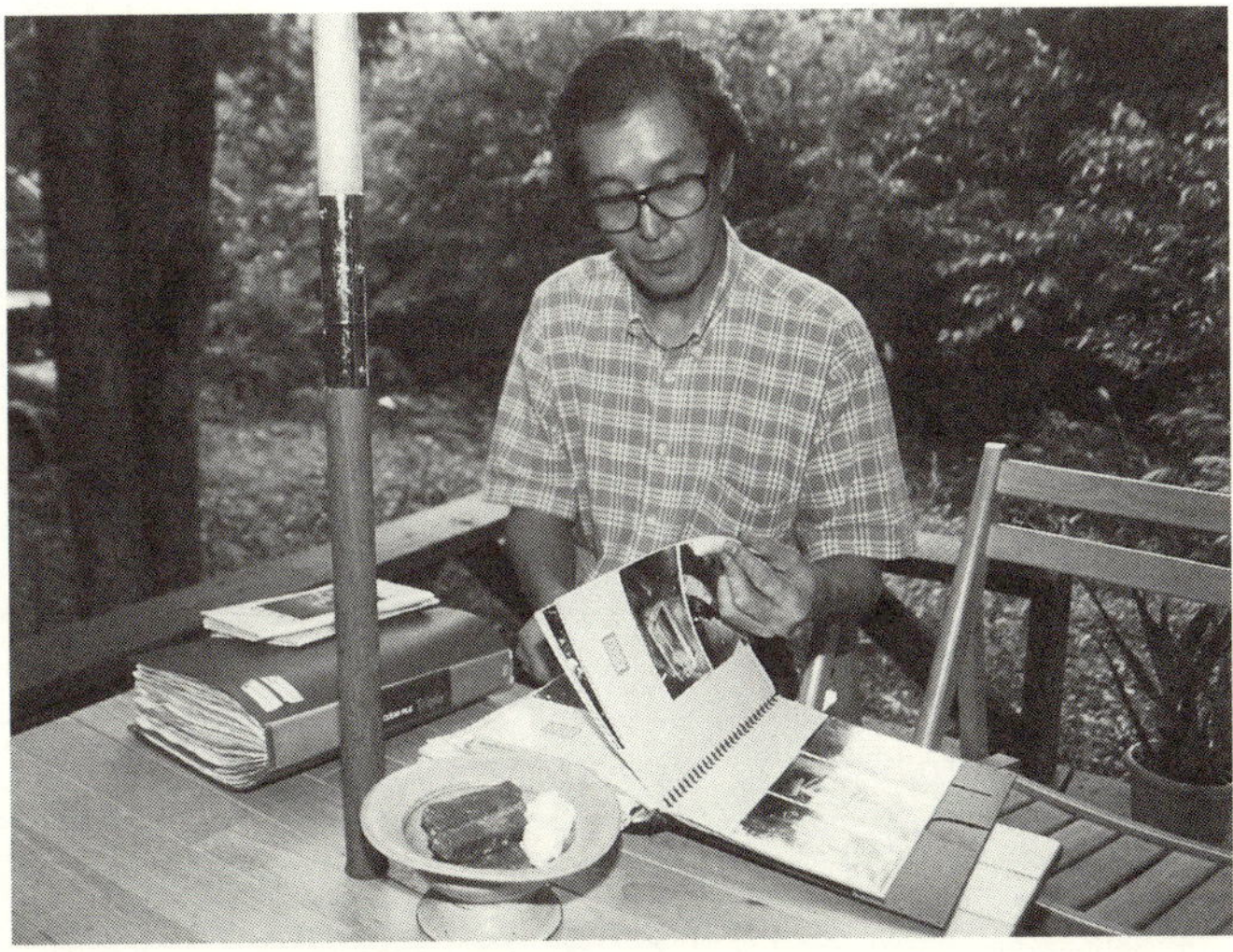

軽井沢の気持ちのいいテラスで、むかし、クルマ
好き少年だった頃から集めた資料などを見せて下
さりながら、佐藤さんは話を聞かせて下さった。

ういうのを見たり、写真撮ったりして、夕方帰ってくる。

その時のネガを学生時代の下宿でなくしたのが、いまもって残念なんですけれど」

——1950年代前半のことですね。でもその頃、カメラを持って、撮影に出掛けるなんて裕福だったんですね（笑）。

「いや、裕福じゃないですよ。カメラだってオリンパスの中古。汽車賃と昼食代だけで……確か4時間くらい掛かる鈍行でしたからね。

第1回のモーターショウ、当時は全日本自動車ショウでしたかね、それも見に行きました。日比谷公園でした。

東京はアメ車が見られたけれど、静岡ではアメ車は少なかった。欧州車は結構オーナーカーとしてありましたけれど。

でも、クルマを持ちたいなんていう気はぜんぜんなかった。持てるなんて思わなかったから。僕らの中学の頃はオートバイが30何社もあった全盛期。クルマは憧れのまま、16歳で免許を取って、オートバイが当たり前、という環境の中で育ったんですから」

——それがクルマに至るのは？

「いや、もうずっとあと。大学のために東京にでて、『ロード&トラック』や『オートカー』などの海外の雑誌を、高くて古本しか買えなかったけれど、そういうのを学校帰りに買って読んでいましたね。VWやオペルやパナールのタクシーがあった時代ですよ。

小林さんが学生でクルマに乗っていたなんていうのは、やはりとんでもないこと、特別なことですよ(笑)」

——じゃ、クルマを所有するのは、もうホンダに入ってからのこと。

「そうですね、1964年に日野コンテッサを買ったのが最初だな」

——それはまた面白いクルマを。

「いやいや、面白いからじゃなくて安いからですよ。その頃安く手に入れられるクルマといったらルノーかコンテッサかパブリカか。でも、パブリカは新車でしたからね。中古のコンテッサなんか10万円で買えました。もう、会社の仲間などもほとんどみんな買うのは中古で、昼休みになるとみんなでクルマいじりですよ。駐車場にはエンジンのないクルマや修理途上のクルマがずっと置きっぱなしになっていたり。それで、きょうエンジン載せるぞーって誰かがいうとみんなで手伝いにいったりね(笑)。

お金持ちはヒルマン、オースティン、多かったのはルノー4CVだな。そうVWもあったな。そのコンテッサがぶつけられて潰れて、次は310ブルーバード『柿の種』。そのあとからN360、シビック、とホンダ車がつづきます」

——クルマ好きの佐藤さんだったら、スポーツカーに乗りたくはなかったんですか？ せっかくS600をつくる会社にいたのに。

「うーん、S500やS600はあまり乗りたいとは思わなかった。S600だったらスプライトの方がよかった。

スプライトの方が賢いと思うんだな。トヨタ・スポーツ800もいいクルマ。ええ、S600に較べて、ですよ。ぜんぜんいいですよ（笑）、こちらの方が。エンジンかシャシーか、どちらが先かというところで。エンジンだけよくてもダメなんですよ。スプライトはシャシーがシンプルでいい、エンジンは旧式だけれど不足はない。トヨタは空冷の2気筒で、あれだけの性能を出すんですよ。賢いですよぉ、クレヴァーですよ。インテリジェンスが高い。

ホンダはパワーを出すために大きいエンジンを載せるんじゃなくて、小さいエンジンをブン回して馬力を出すんでしょ。エンジンを9000回転回すといったって、それは目では見えま

Ｓ600に較べて佐藤さんが「こちらの方が賢いでしょ」という「カニ目」のスプライト。たしかにエンジンはショボいけれど、シャシーやデザインを含めた総合的な評価としては、きっちりスポーツカーとして仕上がっている、と。着目点がちがうものだ、と感心した。下は9000ｒｐｍまで軽々と回るホンダ・エンジン。

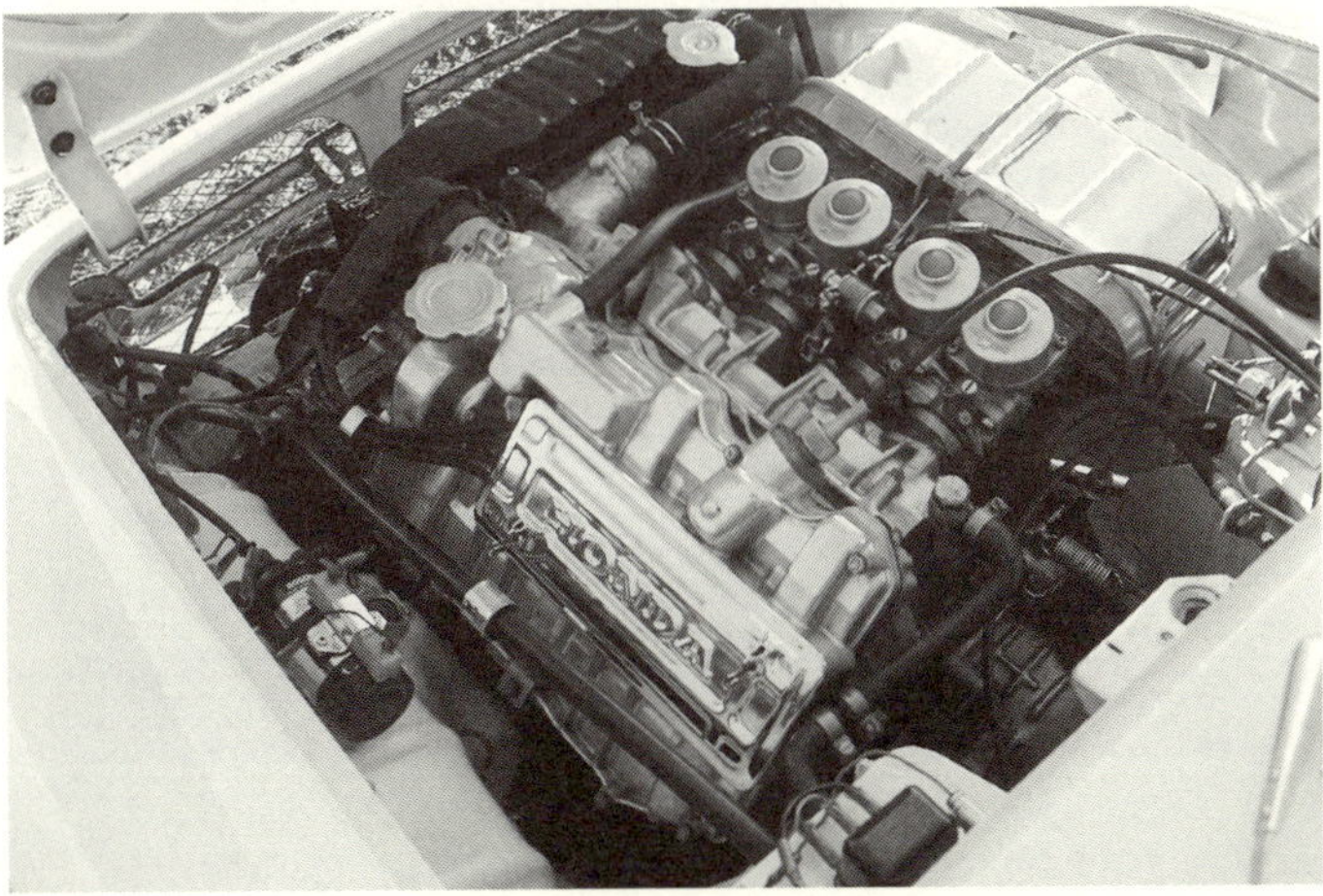

せんからね。走ればスピードは同じなんだし、パーツ点数は多いし、故障したら直すの大変でお金掛かるし……Sが欲しいなんてぜんぜん思わなかった」

——その少しアブナイところがあるから憧れたんだと思いますよ、当時の若者は。

「でもデザイナーとしてはやっぱり出来の悪いのはイヤだな。もうS500なんて1台1台幅が違う。S600になって狭山工場でつくるようになって、初めて製品として安定したって感じだもの。そう、つくったハードトッ

「S」のクーペもわれわれには気になる1台だった。これもデザイナー佐藤さんにかかると、散々な評価になってしまう。

プだって、合わない。だいたい車体の方が一定じゃなかったんだからね」

――でも、S600のクーペもいいクルマだと思っていたんですが。「スポーツカーでビジネスを」というコンセプトも洒落ていたし、デザイン的にも素敵でした。

「そうですか？ 僕はそうは思わないなあ。割り切りがない、というかあれはリアにも横向きに1人乗せて、3人乗りでつくろうとしたんですよね。ですからルーフのラインなんか無理があると思う。

あれとは別に、2人乗りノッチバックのクーペは僕らが試作だけしました。ファストバックはクレイモデルまででしたね。基本的にオープンからクーペをつくるのは無理がある。本当はクーペからオープンをつくるべきなんでね。ウインドスクリーンの高さから違いますから」

――だめだ、佐藤さんは厳しいひとなんだ（笑）。

## 「コレクションホール」をつくって趣味のMG、2台をレストレーション

仕事を離れて、じゃクルマ趣味の話にいきましょう。博物館も趣味みたいなものだったのでしょうから。

——ずっとクルマ好きでいらしたのに、実際に趣味のクルマを手に入れられたのは？

「実際に入手したのは、56歳のときに買ったMG‐TCが最初ですよ、純然たる趣味のクルマとしては。TCは、ほら中学生の頃に、東京にクルマ見に出掛けていた頃からの憧れだったですから。もちろん、やっぱり買えないもの、とずっと思っていたんですけれど。

例の博物館の仕事しはじめたら、自然とそういう情報が集まってきて、譲ってくれるというひとが現われたんですね。それで譲ってもらったんですけれど、思いつづけて40年、やっと手に入れたなあ、と。

その前、40歳頃かな、ヴェスパの旧いのを手に入れて、それをレストアしたことがあります。

佐藤さんが自らレストレーションした２台のMG。MG－TCがブリティッシュ・レーシング・グリーン、MGマグネットは渋いグレイに仕上げられていて、とてもいい雰囲気。なにか英国の愛好家のガレージにきたみたいだった。「TCはかつて東京にクルマ見旅行したときからの憧れだった」と。

ヴェスパもむかし東京に行った頃から、見て気に入っていたんです。たまたまヴェスパが好きというような話をしていたら、知り合いの神父さんがウチの教会にもう使っていない旧いヴェスパがあるから、ってもらったんです。

それからは、欲しいと思っていると手に入るもんだな、と。欲しいと思いつづけておこう。そして誰にでもいうようにしよう、と（笑）」

――それでMGも自分でレストレーションされた。

「2年半くらい掛かって、なんとかレストレーション、というよりとにかく動くようにした。できればひとにやってもらった方がいいのだけれどね（笑）、でもお金掛かるでしょ。会社から帰ってきてからやって、土日にやってというのは大変ですけれどね。でも、目標があるというのは楽しいもので。

小林さんにTC買ったことを話したときですよ。手には入れたんだけれど酷い状態でね、っていったら、TCくらい自分でなおさなくっちゃ、本当に好きなひとだっていえませんよ、といわれて（笑）。

そうウチの川本さん（もとホンダ社長の川本信彦さん）は即座に、佐藤さんファックス持っ

ＭＧ－ＴＣはブレーキ以外まったく実用にしてプアなところはない、と。「ただ、軽井沢に来ると、坂道が多いものだから、もう少しパワーが欲しくなるんだよね」と仰有る。でも冬はさておき、爽やかな高原の風の中で走るオープンは格別であろうと想像される。佐藤さんもそれによく似合っている。

ているか、って。なんだと思ったらファックス買って、じゃんじゃんパーツを直接外国に注文するんだよ、と。そのようにして、じゃんじゃんパーツ買いましたよ。でも、やりはじめたら泥沼。フェンダ外したら穴はあいているわ、工具も揃えなくちゃならないわ。英国インチ、昔のホイットワースですから。

ファックスだけじゃなくて、英国や米国など出張のたびに段ボールにパーツ買って帰ってきてね。ホンダUKの仲間に頼んで、TCのサーヴィス・マニュアルを手に入れてもらったりとかね。やはり自分でものをはじめるとひととのつながりも増えたりして、楽しいですよ。ホント、みなさんのお世話になりました（笑）」

——英国車は旧くても部品が見付かるからいいですよね。

「いや、旧いからあるんで、新しいクルマの方が部品は残っていなかったりね」

——そしてつづいてMGマグネット。

「ええ、これはむかし小林さんが乗っていたヤツなんですね。今市の愛好家で、小林さんの友人でもある薄井辨三さんから譲っていただきました。レストアしたいけれど場所が……、といったら『ブガティック』の阪納さん（ブガッティ遣いとして著名なメカニック。拙著NAV

Ｉブックス「クルマ好きを仕事にする」にも登場いただいた）がウチでやれば、といってくれまして。

ええ、それで土日を中心に通いでがんばった。まだ住まいは東京だったですから、そこから通いました。足周りと天井の内張りは手伝ってもらったかな、あとは自分で楽しみましたよ。ＴＣよりも新しいのに、部品、インテリアとかゴム類はなくて少し困りました。サッシなどもぴったりの部品がなくて手間が掛かったところです。

でも運のいいことに『ブガティック』の庭に部品取りのボロボロのマグネットがもう１台あって、ずいぶん助けられました」

そうして、素晴らしく仕上がった２台が、裏手のガレージにいつでも走り出せる状態で収まっている。

「東京じゃ気にならなかったことが、ここだと気になってくる。たとえば、非力なエンジン、やっぱり力ないなあ、と。英国車のつねで２速と３速が離れていて、坂道が多いので２速ばかり使うんですよ。軽井沢暮らしだったら２０００ccくらいのエンジンが欲しい」

やがて好きなクルマの話になっていった。

「小林さんのランチア・ラムダねえ。軽井沢でも平気で走っているんです。あれは技術的には素晴らしいと思うけれど、うーん、僕はダメだなあ。大きいもの」

フェラーリ、ポルシェとか、そういうのには興味はない？

「うーん……ほかにも好きなクルマはありますけれどね、欲しいとなるとなあ。たとえばXK120なんかねえ、一度スイス・ホンダの会長さんが持っていて、レストアしたのに乗せてもらった。それで夢が醒めちゃった。シャシーの厚みが20センチくらいあるんで、二階に乗っているみたいなんですよ。うへーっ、と。パワーはあるけれど車体が重い。そういう意味じゃTCなんかの方が身軽なんだ。

ジャガーだったら、SS100なんかいいけど。Eタイプは形が好きじゃない。形がわざとらしい、デザイナーがデザインしたみたいで、格好よくない。SS100だってちょっとオーヴァで、大袈裟なところはね。作為的なデザインが僕はダメなんだなあ。

そう、トライアンフだったらTR3まで。ドアが切れ込んでいなくちゃ。TR4はぜんぜんダメですよ、格好悪いでしょ。MGはMGAまで。ヒーリーは3000じゃなくて100がいいですね」

佐藤さんが、今市の「ブガティック」に通ってレストレーションしたというMGマグネット。TCより新しいのに、こちらの方がパーツ集めに苦労した、という。幸運なことに、パーツ取り用にもう1台マグネットがあったとかで、それも利用してまとめられた。仕上がりは素晴らしい状態。

――英国車の名前ばかりがでてきますけれど、イタリア車とかフランス車は？

「うーん、ブガッティなんて欲しくないことはないけれど、お金出して買おうと思わない、もしお金があったとしても。普通に使えないでしょ。ＴＣ？　ＴＣはぜんぜん平気ですよ。さっきもいったように、軽井沢で使うにはちょっとパワー不足、というだけで」

――でもレストレーションは完成してしまうと、手持ちぶさたになるなんていうことはありませんか。

「そうね、いじっている間の方が張り合いがあるのか、できちゃうとね。次のアイテムを捜しに掛かる。そう、いまはＴＣをサイクル・フェンダにしようかと思って、パーツまで買ったんだけれど、小林さんに格好悪くなるよー、っていわれちゃったから、まだ考えている（苦笑）」

趣味のクルマ話に興じていて、もうひとつの肝心なことを訊きそびれるところだった。鈴鹿、モテギ、２ヶ所の「ホンダ・コレクションホール」である。予算をもらって、好きな、いや、好きなというのではなく展示する意義のあるクルマ、バイクを収集したのだが、その作業はクルマ好きの佐藤さんにとって嫌いなものであろうはずがない。

「ああ、博物館ですね。最初１９９３年、鈴鹿にオープンさせまして、僕が60歳で辞めた翌年（1996年）にモテギがオープンしました。

ええ、急にミリオネアですよ。最初にもらった予算が数億円でしたからね。欲しいバイクはほとんど買いました（笑）。いや、欲しいといっても僕が欲しいんじゃなくて、博物館として欲しいもの、ですよ。その車種の選定からディスプレイまで携わりました」

——佐藤さんは望まれて、手を挙げたんでしょう？

「僕が55歳の時に博物館をつくるという話がありまして。そのプロジェクトリーダーをやれといわれたときは、それはもうショックでしたよ、デザイナーとしては。デザイナーを馘になったと思ったですからね。ホンダ在職中の終わりの方はずっと二輪で、スクーターをはじめからずっとそれを見たりしましたね。それがある日突然、本社からこちらに来てくれ、と。ですから決して望んだわけじゃない。

小さい頃からの知識が災いしたんですよね。いろいろなクルマやバイクのことを知っていたことがいけなかったね（苦笑）」

——でも、嫌いな仕事じゃなかったんでしょ。

「ええ、実際は定年までの5年間は、ものすごく楽しいものでした。博物館の仕事する前から好きで海外出張すると必ずといっていいほど、現地の博物館を見て回っていました。ビューリーのナショナル自動車博物館（英国）なんかすごくいい。あそこのひとたちもいいひとで。アメリカの博物館は展示がピカピカだけれど、その点、英国のは自然でいい。ときには酷い状態のクルマも飾ってあるけれど、それでもちゃんと走れたりするんだから。

日本は写真撮っちゃいけないとか入館料が高いとか触っちゃいけないとか。本当は触ってもいい博物館にしてあげたかったんだけれど、僕は。

一応みんな動くようにしたし、触れない以外は思い通りになったな。

手に入れる作業は、世界中のものを集めようと思ったので、ひとりスタッフとしてすごく優秀な小林勝君というメカニックにきてもらって。彼は僕の家の近所で、僕がヴェスパのレストアはじめたとき、オレもやるかなあ、なんて自分もホンダのオートバイ買ってきてレストアしたりしていたひとでね。元もと研究所のテスト部門のひとで、徹底的に機械部分をできるひとでした。こういうひとがいてくれたのが有り難かった、やはりひとですよね。

こういう仕事は、つづけていくのが大変ですよ。モテギもいいけれど、鈴鹿くらいの小ささだと、模様換えもしやすいし維持も楽なんですが」

そう、博物館がオープンした時に、小林彰太郎さんに誘っていただいてＣＣＣＪに入会しました。あとはゆっくり自分の趣味生活を楽しむ番ですから、と結んだ。

佐藤允弥（さとう・まさひろ）さん
1935年、静岡県生まれ

# 第３話　アルファ・ロメオばかり５台

## 黛健司さんの一途なクルマ生活

## 子供の頃から
## 好きなことをいつまでもやめない子

最初に買ったクルマが、いきなり新車のアルファ・ロメオだった。そのアルファ・ロメオをわずか3ヶ月で「全損」にしてしまう。そして同じものをもう1台買った。その次に買ったのもアルファ・ロメオだった。そして、いま2台のアルファ・ロメオを使い分けている。

つまり、黛健司さんは免許を取ってから今日まで、5台ものアルファ・ロメオを乗り継ぎ、そしてそのアルファ・ロメオしか所有したことがない、という。まことに以ってなかなか得難いクルマ遍歴の持ち主である。先に書き添えておくならば、彼は熱心な「Carグラフィック」誌読者であり、コバヤシストであり（したがって最初に手にしたのが、少し前に「ロード・テスト」されたばかりの1975年のアルファスッドti だったのだから）、それが証拠になんと栄光の「CG　CLUB」会員登録第1号というひとなのである。

インタヴュウの折に呼んで戴いたのは、ガレージがあるという富岡の旧家であった。母上の元の実家で、その脇に建てられたプレハブのガレージが黛さんの趣味の基地になっているのだった。よく手入れされた庭、透かし彫りの欄間に「長刀」がかかっているような家。その脇の赤いアルファは、艶やかさが一層際立つ。

実はこの日が初対面。いま書いた情報と、「オートサウンド」誌編集長の肩書きをお持ちだ、ということを伺っていた。編集部にお訪ねしてインタヴュウさせていただこうか、と考えていたら、

「富岡にあるガレージにおいでください」

とのお誘いをいただいて、東京から関越、上信越自動車道で1時間余、送られた地図にしたがって、ガレージに向かった。まばゆいほどに磨き上げられた2台のアルファ・ロメオが停められていることで、目指すガレージはすぐに分かった。予想と違っていたのは、建てられてから少なくとも130年は経過しているという旧家があったこと。ガレージはその脇に建てられた、不釣り合いな新しいプレハブのものだった。

「まったく、この子は帰ってきても家にはぜんぜん入らずに、車庫でクルマ磨いてばかりいる。弟の方が庭の手入れをしたりいろいろやってくれるのにねえ（苦笑）」

と、この日、一緒に東京から（アルファSZのナヴィシートで）やってこられたという母上は、日頃は空き家になっている元の実家の手入れに忙しそうであった。ガレージは、アルファ・ロメオの1台の置き場であり、クルマ趣味の基地とするべく、黛さんが実家の脇に建てた

ものであった。週末に時間があくと、ここにきて飽きることなくクルマを磨き、直し、遊ぶのだという。

子供の頃から好きなことをいつまでもやめない子、と母上が表現する黛さんは小さい時分から、クルマとオーディオ、ふたつの「好きなこと」に頭角を現わしていったという。

「そもそもですねえ、どちらが先かといわれると……　うーん、すべては『Ｃａｒグラフィック』ではじまった、という感じですかねえ。

面白いことに僕の趣味は雑誌から入るんです。ですから中学生で『Ｃａｒグラフィック』誌を読み出したところからクルマ趣味がはじまりましたね。当然クルマなんて買えるわけないし、そういう意味では純粋な趣味ですよね。いまでも憶えていますが、最初に買ったのは51号ですね。シルヴァの１１７クーペの表紙。中学時代はまさしく『カーグラ少年』でした」

「そして、高校でオーディオに目覚める。『ステレオサウンド』ですよ。やはり使えるお金が増えて、クルマはまだぜんぜんダメだけれど、オーディオなら少し現実味が湧いてきた、ということでしょうか」

黛さんは「オートサウンド」誌の編集長。子供の頃からクルマが好きでオーディオも好き。結局後者は仕事になってしまった、と。下は黛さんが初めて買った「Ｃａｒグラフィック」51号。この当時、表紙も綺麗で、横長の雑誌のようにも見え、個性的だった。中もグラフィックで、たちまち「カーグラ少年」になったという。

「クルマとオーディオ、オーディオの方はそのまま仕事になっちゃって、『Ｃａｒグラフィック』誌もとってはいたけれど……　中学にはもうひとり『カーグラ少年』がいましたね。読みはじめたのが、僕よりちょっと先だったという、しゃくな奴だったんですけれどね（笑）。『オーディオ』は独壇場でしたね」

しかし、また数ある雑誌の中からいきなり「Ｃａｒグラフィック」誌とは。

「うーん、偶然かな。たまたま『Ｃａｒグラフィック』誌をふっと買っちゃった。表紙が綺麗で、しかも一見、横長の縦開きのようでユニークだったのが目に留まったのかもしれない。最初は難しくて専門用語ばかりで分からない。でも写真なんか見ながらガマンしてつづけた」

そこが趣味人なんですね。

「そう、たしかにガマンして2年ぐらい読んでいたら、拓けてくるんだなあ（笑）」

まあいま僕らがつくっている「オートサウンド」だって、分かるひとには分かるけれど、関係ないひとにはぜんぜん理解されない類の雑誌ですからね、とも。でも小林彰太郎さんが当時書かれたものは面白かったんだろうなあ。マニアじゃなくても分かる要素を持ったマニアックな記事、というような感じでしたからね、と。黛さんの趣味人的因子は、いまの仕事にも大いに役立っているにちがいない。

「どちらにせよクルマを自分で持つなんて考えも及ばない歳でしょう。レースなど、クルマそのものよりもエンターテイメントの部分に惹かれましたね、その頃は」

なになにがいくらで買える、とか、こうチューニングするといい、とか、クルマを所有することや本来自分で経験して学びとるべきノウハウやハウトゥーのみを書き並べる昨今の自動車専門誌は、存外、趣味人的なものとは相反していたりするのではないか。そんなことが頭を過ぎった。

## 最初のアルファスッドを失い6時間後には同じものを……

「それはちょうど夜中12時くらいでしたね。赤坂陸橋で地下鉄工事かなにかで出たんでしょうね、粘土質の土が落ちていた。ホントあと50センチ持ちこたえたら、道幅がぐんと広く4車線になって、単にスピンしただけで済んだんだろうに、最後のところで外側の欄干にぶつかって、後ろからガードレールの根元に乗り上げて……50ℓのガソリンを撒き散らして、消防車が4台も出る始末で。しかも、滑り出したのは赤坂警察管内なんだけれど、ぶつかったのは四ッ谷警察だからそちらで検分するとか……(笑)」

笑い事じゃないって、と思わず突っ込みを入れたくなるほど、屈託なく話をつづける。黛さんの最初の愛車であるアルファ・ロメオ・アルファスッドt.iを失ったときの事故の話だ。

「それで、検分その他で解放されたのが、確か夜中の3時か4時だった。で、朝が来るのを待って、9時に伊藤忠オートに電話したんですから。なにを、ってスッドのt.iの在庫は何色がありますか、って。向こうも変に思ったんでしょうね、黛さんってつい最近スッドをお買いになった黛さんですか？　って訊くものですから、ええ、実はカクカクシカジカ、って」

ナントモハヤ。雑誌編集長をやっているひとだけのことはある。エンターテイメント性にはさすがに長けておられる。こうして、手に入れて3ヶ月ほどで2台目のアルファ・ロメオのオーナーになってしまうのだった。

何故クルマか、の次は何故アルファ・ロメオか、に興味がいく。それには「ステレオサウンド」の話をしなくてはなりません、と順を追って話は進められた。

「18歳頃はオーディオに没頭していましたね。秋葉原付近でやっていたイヴェントなんかどこでも『顔パス』で入れちゃったくらい。

それまで『Ｃａｒグラフィック』と『ステレオサウンド』とも、単に熱心な読者という立場だったわけですが、『ステレオサウンド』の方は、アルバイトとして使ってもらうようになっていました（笑）」

評論家のＳ氏に師事するなどしながらも、結局は、そのまま居つづけて、「ステレオサウンド」社には30年近くですね（笑）、ということになるのだった。そこから派生した「オートサウンド」誌の編集長であることは前にも書いたとおりである。

で、「ステレオサウンド」編集部の駆け出しの時代にアルファ・ロメオとの出逢いがある。

「もうひとり、僕の師匠といっていい評論家の方でIさんという方がいて、そのひとがアルファ・ロメオ乗りでして、僕が入ったときにはサファリ・ブラウンの1750GTV、その後すぐに2000GTVに替えていたんですが、そんなのが編集部の駐車場に停められていまして。それもあったんですけれど、一番の決め手はやはり『Carグラフィック』誌の記事だな、アルファスッドの。

忘れもしませんよ、スッドの記事の出た翌年2月。そのIさんが2000GTVをアルフェッタGTに替えるんです。Iさんは最新のアルファ・ロメオを乗り継ぐというひとで。ほとんど同じ頃に僕スッドtiにしているんです。たとえばその時下取りに出された2000GTVの中古と、僕の買った新車のスッドtiってほとんど同じ値段だったと思うんです。どちらでも買えたんです。でも僕はスッドtiを買った」

それにも黛さんらしいお話が付いている。

アルファ・ロメオ2000ＧＴＶとアルファスッド（「あとがき」参照）。数年落ちの2000ＧＴＶか新車のスッドｔｉか、どちらにする？　と訊かれたらどっちを取るだろうか。黛さんは、迷わずスッドｔｉにした。それも「Ｃａｒグラフィック」の記事が決め手だったというから、素晴らしい読者というべきではないか。

「そのスッドt・iは僕の免許より1ヶ月早くきたんですよ（笑）。やはり小林さんのファンでアルフェッタに乗っていた友人がいて、いいヤツでしてね、彼のところでスッドt・iを預かってもらって、そのうえ、僕の免許公布の日には乗ってきてもらって、一緒に免許もらいに行ってそこからは僕が運転席について、そのままふたりして奥多摩有料道路に走りに行った、という……（笑）」

でもいきなり、アルファ・ロメオの新車とは。

「いや、アルバイトその他でお金は少し潤沢だった、早くから働いていましたからね。一方『Carグラフィック』誌などをしっかり読んで、勉強も怠りなかった。長期テストでも採り上げられていて、t・iのテスト・リポートの時にはスッド買うならこれしかない、というようなことが書いてあって、なんの疑いもなくやっぱりこれかなあ、なんて……」

いい読者だ、と笑ったが、それまでクルマを持っていなかったというだけで、たしかに「唯の金持ち」がステイタスのために新車輸入車、というのとはちがう。

憧れのアルファスッドを実際に手に入れて、いかがでした？　と訊いても、それは「Carグラフィック」の名文句集になってしまいそうだった（なにせ、いい読者ですから）。2台目のスッドは、4年半ほど乗って、登場したばかりの新ジュリエッタ（もう20年も前のモデルに「新」もないだろうが、とりあえず当時はそう呼び慣わされていた）に替わる。

「ジュリエッタは買ってきたときに、しまった、と。スッドの方がよかった。シフトなどグニョグニョで、いいのはクーラーがついたというだけのような気がしましたね。ちっとも速くないし」

言外に、相当アルファスッドｔｉに心酔していた様子がうかがえる。それでも、頑張るところが、クルマ好きたる所以か。エンジンを換装したのをはじめとして、各部をチューニングして自分好みの走れるスポーツ・サルーンに仕上げていった。アルファ75を手に入れたあとも、愉しみのクルマとして手許に残していたことで、黛さんにとってお気に入りのクルマに育っていったのは想像できる。

「念願だったＳＺを買う段に、仕方なく手放しました」

2台のアルファスッドｔｉのあと、黛さんは新ジュリエッタに乗り換えた。クーラーは付いたけれど、スッドｔｉの方がよかった、と一瞬後悔するが、すぐにジュリエッタにも手を入れて、好みのスポーツ・サルーンに仕上げていったという。アルファ75購入後もしばらく2台所有だったが、ＳＺを買う段になって手放した、と。

## アルファSZとアルファ75
## それって趣味と趣味じゃないですか？

「いま、1989年登録、12年で16万6000キロ走ったアルファ75　3・0V6と1995年に入手したアルファSZの2台があります」

ガレージの前に並べられた2台は、黛さんのホントの趣味はクルマ磨きなんだから、といわれる通り、眩しいほどに輝いていた。その輝いていることともうひとつ、黛さんのクルマならではの特徴のある2台であった。

まずアルファSZの方から観察させてもらった。

なにをさておいても注目させられるのは、カー・オーディオ・システム。アルファSZのリア部分はきっちり仕上げられたシステムが収まる。スピーカーは足元の左右。後にある大きなスピーカーは低音専用のサブウーハー。「80ヘルツから下」用だそうだ。2人乗りのSZのリアの荷物用スペースを潰して、システムの工作をはじめ、棚を含め全部オーディオのプロにつくってもらった。さすがプロの仕事だけにしっかりしていて、仕上げもかっちりしている。中央にイコライザー、左側にフューズとキャパシターが配置されている。

「このキャパシターは瞬間的に音の変化があったときなどに有効なものです。縦に付いているのがパワー・アンプ。ここにCD／DVDとチェンジャーとNAVI本体……」

ここまでのシステム、さすがに専門の黛さんならでは、のものだろう。

「いや、僕の仕事はなにもない。これとこれ付けてねと、専門のインストーラーと呼ばれるプロに頼むだけです。あとは棚の上に僕が乗っても大丈夫なようにね、と。後窓拭くのに乗りますから。音の効果だとかそういうのは、もうインストーラーの方がプロですから。これとこれでシステム組んで下さい、それだけでOK」

下世話ですけれど、ここまでのシステムを組むのにはどれくらいの予算が要るのだろう。クルマ本体より高価なんていうことはないのだろうか。

「そんなに滅茶苦茶じゃないですよ（笑）。NAVIとDVD関係で60万円くらい。ついている機材、スピーカーやアンプをあわせて約100万円、それに工賃100万円ってところでしょうか。

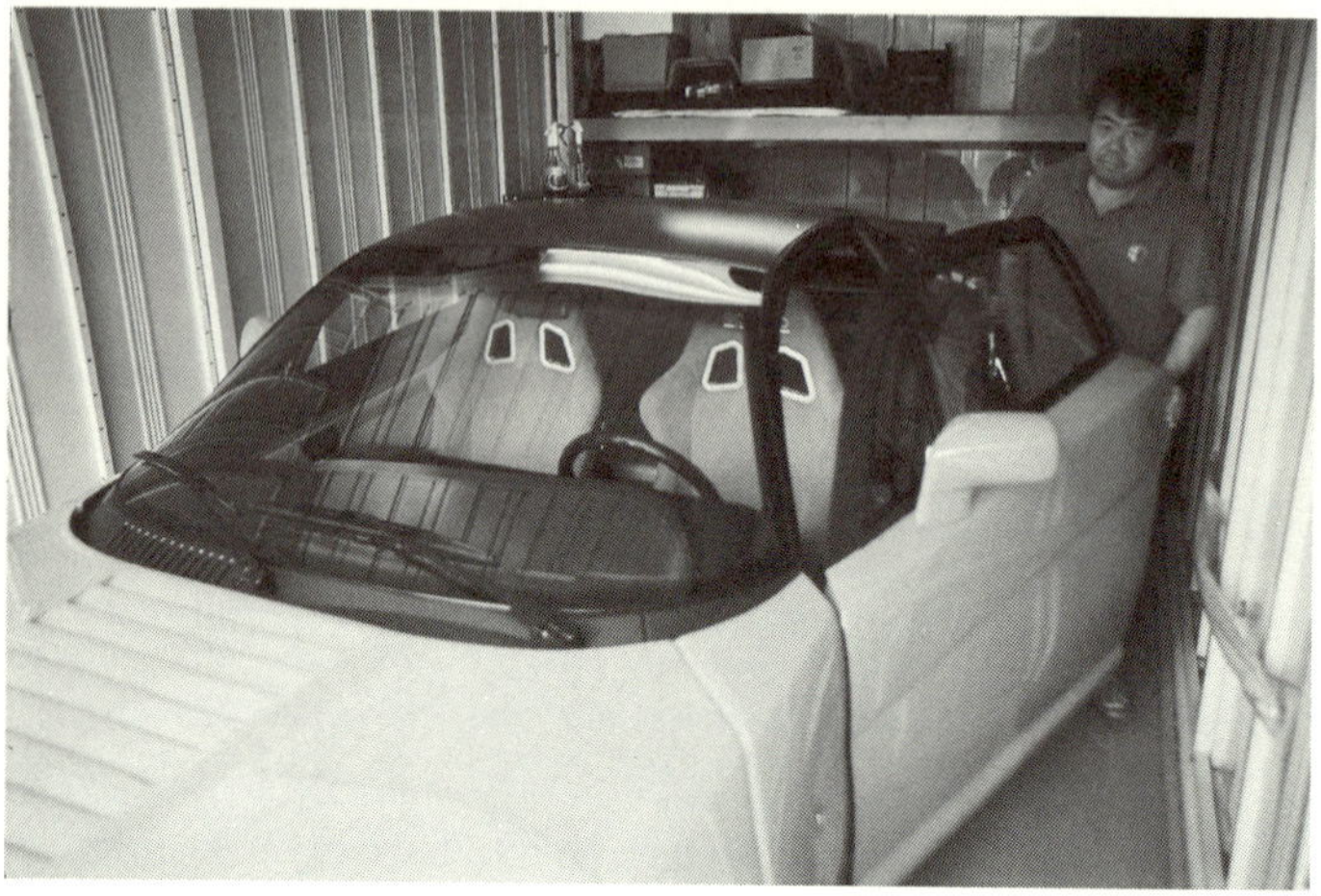

黛さんのもうひとつの顔「オートサウンド」編集長の実力を発揮して、アルファＳＺのリアのラゲッジ・スペースは素晴らしいオーディオ・システムに占拠されていた。中味は本文の通りだが、その仕上げのよいのには驚かされた。これは「クルマ屋さん」の仕事ではなく、オーディオのインストーラーの手によるもの、と。

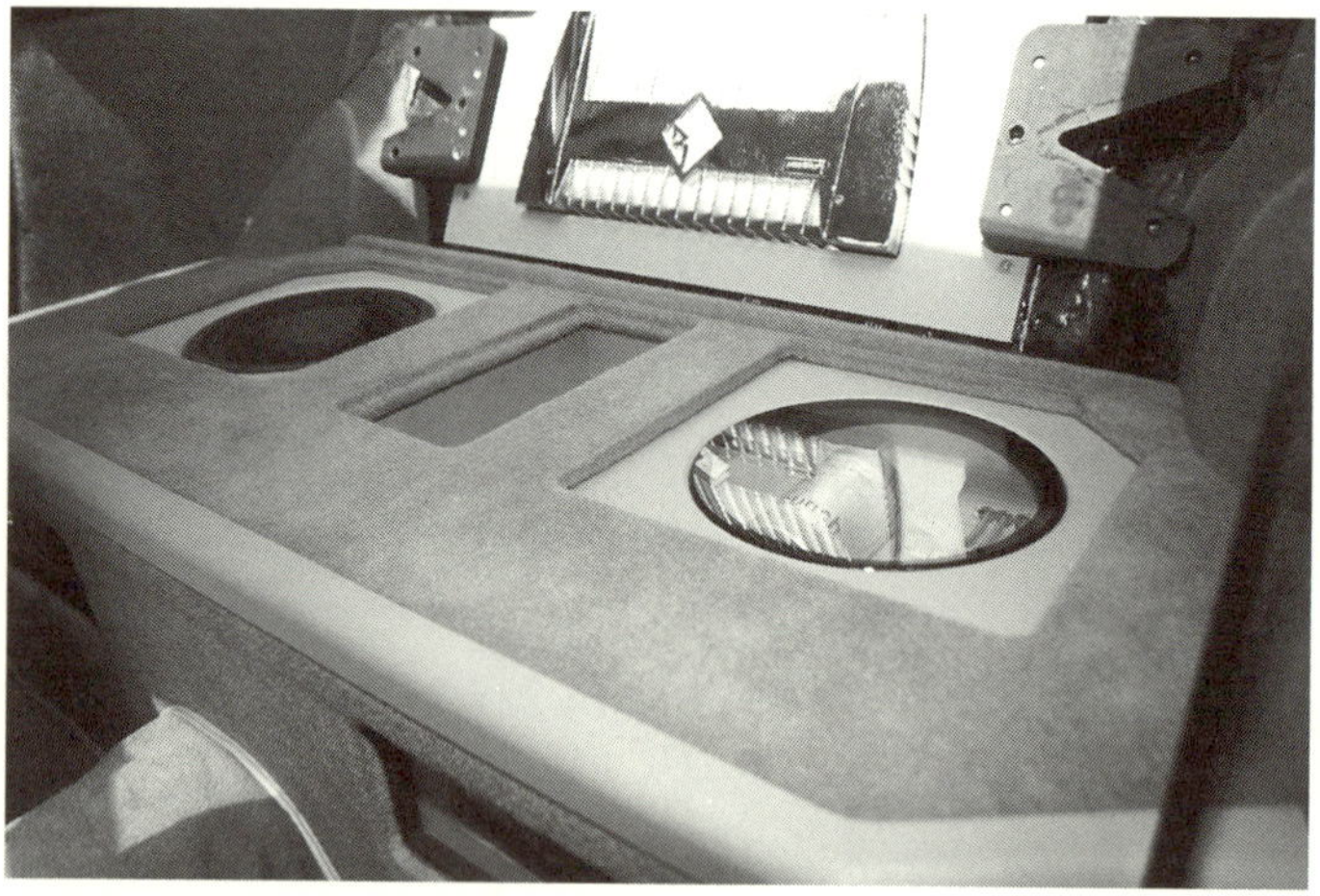

そんなことより、重量は30kg増。せっかくスポーツ性能を大事にしているSZなのにね（笑）」
なるほど。黛さんに訊きたいことはどんどん膨らんでくる。クルマは最高のオーディオ・ルームになるのでしょうか？

「オーディオの聴き方っていろいろあるんですけれど、ひとりで聴きたいというひとには、ひとりだけの空間をつくれるという意味では最高。プライヴェートに誰からも邪魔されない空間をつくるってなかなか難しいでしょ、たとえ家の中にいても。そういうことからすると、ひとりでクルマに乗って行って聴くなんていいと思いますよ。

僕も一度は箱根に行って、走って聴いて、なんてしましたよ、でも一度だけですけれどね」

現実に「ハコ」としてのクルマという空間はオーディオ向きなのだろうか。

「SZに較べたらアルファ75の方がいい。一見SZの方がコンパクトでよさそうに思うかも知れませんけれど、コンソールが大きいとダメとかいろいろ条件があります。

一番いいのは四角くて中に邪魔物がないもの。ワンボックスなんていい。運転席周りが狭くて、左の運転席から右のスピーカーが見えないなんていうのはダメですね」

一芸を持つひとに、もう一芸の方の話を訊くのは大変勉強になる。黛さんもただのクルマ好きからきっちりカー・オーディオ専門誌編集長の顔になって話をつづける。

「セルシオにマーク・レビンソンのカー・オーディオがついた。これはさすがでね、伊達にオーディオ・マニアから高いお金を取ってきたメーカーじゃないな、と。その泣かせどころ、ツボを心得たところなど、まさに憎いばかりで。チューニングの妙ってものですね。

アルファ・ロメオもまさにそれ、イタ車のツボ、なんですよね」

アルファ75の方もしっかり「オートサウンド」してあった。四角いこちらの方がオーディオ・ルームとしては向いているという。

## アルファ・ロメオだけしか識らないことのシアワセ

初対面だったはずが、さすが好きなこととなるとすっかり打ち解けてしまえる。もう長年の友人と話しているかのように話は弾んだ。

——しかし、イタリア車、特に12年前のイタリア車に乗っていて、トラブルが皆無とは思えない。アルファ・ロメオばかり5台なんて、途中でいやになることはなかったんですか？

「トラブル。いや、ありましたよ。それは一日話しても終わらないくらい（笑）。もちろん落ち込むのは落ち込みますよ。でも、どうやって直すかなとは考えるけれど、じゃ売ってしまおうとは考えなかったですね、幸いなことに」

こんな風にもいう。

「パワー・ウィンドウのトラブルって結構多いんですよ。僕のアルファ75もつい最近そうなりまして。でも、たとえば高速道路のチケットもらって、そのあと路肩に停まって窓を手で上げるのは見せたくないですよね、アルファの名誉のためにも（苦笑）」

旧き佳き時代のクルマのオーナーは、時として「トラブル自慢」に花が咲くことがある。トラブルをいかにして克服したかが、趣味の楽しみのように聞こえたりする。

「は、は、僕らもそういうところがあるかも知れませんね。本人は相当辛いんですけれど、オーナーっていうのは『打たれ強い』というような」

アルファ・ロメオばかりで飽きること、ない？

「……ないなあ。なんで俺こんなことになったんだろ？　ってときどき思ったりしますけれどね（笑）」

訊きたいことをたてつづけに訊いた。アルファ・ロメオばかりで、ほかのクルマに興味はいかないのだろうか？

「ほかの皿は喰わなくていい？　ですか。正直にいうと非常に悩むところですね（笑）。欲しいクルマ並べていくと片手くらいはアルファ・ロメオですぐ埋まるんです。それの次にプジョーとかシトロエンとか。ポルシェも乗ってみたいなあと思うんですけれどね。でも本当にそのクルマを買って3年なり5年なり楽しんで乗れるのか、自信がないんですよ。

僕はクルマに関してはアマチュアの立場だから、それでもいいと思っているんです。カー・オーディオの方の仕事上、クルマを借りて乗る機会も少なくないんです。新型スカイラインにボーズのオーディオがついているといえば、借りて乗ってみるわけですけれど、やはり借りるのと所有するのとは違う……

それに仕事でテストするのと自分が楽しむのとは違う、と」

——ところでフェラーリの名前はでない？

「そりゃでますよお。でも留まっているのは、アルファ・ロメオも充分にイタリア車である。したがってフェラーリは結構想像がつく、という気になれるからなんです。

その点、ポルシェは対極の存在だから興味があるんですね、きっと。最新のポルシェが最高というのも確かめてみたい。GT2なんか、ある種憧れを持つ。

でも、ポルシェ1台買うんだったらアルファ・ロメオ2台買える、と（笑）。不純だなあ」

——最後にもうひとつ、同じアルファ・ロメオでも旧いほうにはいかないのだろうか。

「さっき申し上げたように、好きなクルマはすぐに片手が埋まるくらい出てくるんです。その中に、旧いのも入っていまして、そうたとえば、ジゥリエッタのスプリントが欲しいんです

アルフィスタの黛さんとしては、旧いアルファ・ロメオに興味がないというわけではない。スパイダーも１台欲しいし、それはデュエットがいいなあ、などと夢はふくらんでいく。現実的なもう１台として、アルファＧＴＶ（24Ｖ、6段マニュアルでね、と）も気になっているそうな。下は初期のＧＴＶ3.0。

よ。ジゥリア系のクーペだったら、それはもう気楽に乗れるでしょうし、スパイダーも1台欲しい。やはりスパイダーだったら、デュエットがいい、とか」

その舌の根も乾かないうちに、

「いまあまり真剣に考えている訳じゃないですけれど、いまの24V、6段マニュアルのついたGTVを買って、それを通勤に使って、75は残しておく。それが現実的に欲しいものかな。でも、クルマって乗らないとすぐダメになるんだろうな、だったらアルファ75に未練があるしなあ、だとか。

それにオープンは1台欲しい。そんなこと考えていると新しいものだけでも5台くらいすぐいっちゃう。じゃ、そうなったらどういう状況で乗るんだ、と。こちらのガレージに置くようになって、乗る機会はやはり減ってしまった。そういう現実も一方でありまして。

うん、でも基本的に僕は新しもの好きかもしれない。ミラノの文字の入った旧いエンブレムのアルファは欲しい、そうは思うんですけれど、自分がアルファ・ロメオを身近に知ったときには、もうミラノの文字はなかった。だから、そういうものに反発、というのも少しありまして。かつて『Ｃａｒグラフィック』誌で読み親しんで憧れたものと、実際、自分で接したアルファ・ロメオとは違うということですかね」

趣味と仕事の関係についても訊いてみた。

「趣味と仕事、両方とも好きで仕方ないことですし、両者が接近しているのはいやじゃありません。趣味にしていることが仕事につながっているいい環境だと思っています。趣味の領域はそれで残しておきたいというひともいますけれど、僕はそれをごっちゃにしてそこから生み出されるもの、っていうようなのが好き。

クルマもオーディオも感性部分が同じだと思うんですよ。アルファ・ロメオって、このところ話題になることが多くなって、いろいろな方が分析して雑誌や本でアルファのことを書くことが多くなりましたね。でも、最近のそういう記事はデータは豊富なんだけれど、大事な部分が欠けているような気がします。

むかしの『Ｃａｒグラフィック』の頃は情緒的な話が多くてよかった。分析されると、夢も希望もなくなって、そんなものだったんだ、という気になる。それは感性を大事にするものにはあまり嬉しいことではないんです。いい意味で、ダマされていることの幸せってあるじゃないですか」

アルファ・ロメオって、そういう感性部分を突出させたのが一番の特徴のブランド。

「たとえばアルファ75のシフト、あれノロノロ走っていたんじゃいいところはなにもないんだけれど、飛ばしたときにぴゅっと決まったら、スピードがでているとまた気持ちよく決まるんだ、その快感といったら…… 365日のうち3日間くらいいい思いができたらそれでいい、そんなところがありますね」

「オーディオは生の音楽とは違う。なにがしかのパッケージ・ソフトを聴くのと演奏会などでは、同じ音楽を聴くという行為でもぜんぜん違うことなんですね。コンサートってもうパフォーマンスになっちゃっていますからね。純粋に音楽を聴こうと思ったら、それはひとりでオーディオ装置を通して聴く方が本質に近いんじゃないか、とすら思う。

楽譜があって演奏家がいて聴衆がいるという関係が、われわれにとっては楽譜に相当するのがCDつまりソフト、楽器に相当するのがオーディオ機器で、演奏家は実は聴いているあなたではないか、と。線をつなげば音は出てくるのだけれど、それをチューニングする、極めていくのはあなた次第、聴き方の問題になってくる。

クルマとの共通性を捜してみると、これが同じことがいえるんですね。

僕は仕事上これまで20年以上、いろいろなひとのオーディオを聴かせていただいたんですけれど、本当になにかもうそのひとの人生そのものがオーディオを通して聴こえてくる、そんな感じをしみじみ受けるんです。クルマも同じようなところがありましてね。ただ買ってしまえばそれは1台のクルマですけれど、それを走らせるひとによってそれぞれに違う、という。たとえば、同じクルマを新車で買ったとしても、使うひとによって、5年後10年後には、まったく別物といっていいくらい違ってしまう。そんなところがあるでしょ。持ち方、走らせ方によって面白くもつまらなくもなる。その人の人生、生き方みたいなものまで見えてきたりすることさえある、と」

なるほど、黛さんが5台のアルファ・ロメオと紡いだ25年は、そのまま黛さんのクルマ趣味の遍歴、自由奔放な生き様でもあった、というわけだ。

練馬34
そ60-28

黛健司（まゆずみ・けんじ）さん
1953年、東京生まれ

# 第4話　「チャンピオン」とフィアットの関係

## 戸井陽司さんの愉しくも忙しい休日

待ち合わせの場所、大磯は旧東海道松並木の交差点で、さてどちらを向いて待っているのがいいか、とクルマを路肩に停めて様子を見ようとしていたときである。東海道線の線路を跨ぐ、ゆるいたいこ橋になった陸橋の向こうから、ドゥロ・ロ・ロというV8サウンドとともに、ちょうど勾配を浮かび上がってくるように1台の「アメ車」がやってきた。「まさか……」と思う間もなく、そのカマロZ28の窓が開き、奥様を隣席に戸井陽司さんが笑顔で手を振っているのがわかった。

「どう、驚いたでしょ。驚いてもらうのにはどのクルマで行けばいいか、考えてこれを持ち出したんですよ」

と悪戯っぽく笑う。社員50余名を抱える、外資系企業の日本法人社長を務める戸井さんも、休日には一クルマ好きに戻ってしまう。いや、戻れるからクルマが好きでいるんですよ、と笑うが、とにかく趣味に没頭するウイークエンドは、日頃のハードなビジネス・シーンと対照的であり、また共通する一途さがあるようだ。

「そう、前回お会いしてから増えたクルマ……面白いものでご縁があるってことなんでしょうかね、クルマって増えちゃう時にはいきなり増えるんですねえ。じつは、このカマロ、つい先頃ウチに来たものでして。友人がもう20年乗って捨てちゃうから……って。じゃ少し楽しんでから私が捨てましょうか、と。

そうしたら良くなっちゃって、捨てられない。この時代のカマロも特別自分の好みというわけではなかったんですが、思い出してみると横目では見ていましたからね、ちょっと面白そうだ、って」

戸井さんは、フィアット850クーペを駆ってクラブ・イヴェントで活躍。先頃も

「ゼロ200で2位に入りましてね、S600を2台やっつけて、ですよ(笑)。こうなったら、絶対表彰台の真ん中に上るまではフィアットで頑張りたい。意地ですよね」

いかにも愉快そうに話してくれる。そのフィアット850クーペのほかに、850スパイダーとさらにベルリーナが収まるガレージ。そこでクルマ趣味を楽しんでおられるという。その前はフィアット・パンダにご執心で、初期型をはじめとして何台か乗り継いでいたし、小さくて熱いクルマがお好きなエンスージアストのひとりとして認識していただけに、先のカマロZ28は、まことに効果的、というものであった。

## 出逢いというのは面白いもので懇切な解答が、なにかを感じさせた

戸井さんとの出逢いは、本当にひょんな偶然というものだった。いのうえが自分の本をつくっているとき、「チャンピオン」の資料を入手したくて連絡を差し上げたことにはじまる。

もう何年も前のことだ。そのときつくっていたのは「旧車愛好家に贈る50枚のレシピ」（山海堂刊）という、旧き佳き時代の英国車のメインテナンスに関するヒント集のような本だったが、その中で、英国車のほとんど（それはミニ、スプリジェットからジャガーに至るまで）が標準のプラグとして「チャンピオン」を使っていたことを書きたかった。それら英国車の「取扱説明書（ハンドブックという）」をみると、プラグの欄には「チャンピオン」と指定があるのだ。当時の標準は「チャンピオンN5」（ミニ、スプリジェットなど）や「チャンピオンN9Y」（ジャガーEタイプ、MGBなど）というものだったが、それは現在売られているどれが対応するのだろう。拘りの趣味のクルマだったら、そういう小物にも拘って「チャンピオン」

を使いたくなるではないか。

しかし、残念ながらその当時「チャンピオン」のプラグをどこで扱って、それはどういう状況になっているのか、不勉強にも分かっていなかった。やっと日本の代理店が、当時の「クーパー・オートモーティブ」であることを知り、なにはともあれ連絡してみたのだった。もちろん旧き佳きスプリジェットに「チャンピオン」が指定で、などといっても、即座に答が返ってくるなどとは期待していなかった。それどころか、話が通じることさえ無理だろうが、ひょっとすると会社の資料として、旧き佳き時代のクルマとの互換対照表くらいはあるかも知れない。まあ、そういうのを送ってでももらえれば、と思ってダイヤルを回したのを憶えている。

で、電話に女性が出られて、案の定、話は半分以上分かってもらえてはいないみたいで、「ちょっとお待ち下さい、社長に代わりますから」と電話をいきなり社長さんにつないで下さり、いささか恐縮しながら資料を送って下さるようにお願いしたのだった。それにしてもいきなり社長さんが出て、しかも詳しくお答え下さる。なんとフランクな会社なんだろうと思ったりもしたし、その社長さん（もちろんその方が戸井さんだったのだが、そのときはお名前すら訊きそびれていた）が、「ほうほう、面白い本をおつくりですなあ。私も旧いクルマが嫌いではないもので」と仰有っていたのも興味深いことであった。

それから少し時が経って、別の記事（たしか「ＮＡＶＩ」誌だった）のために、カメラを片手にヒストリックカーのクラブ・イヴェントを取材していた時のこと。いろいろなクルマやエントラントの間を巡っているときだった。「いのうえさん……ですね」と声を掛けられたのだが、はてどなたであるのか思い出せない。それもその筈、電話で声しか伺ったことのない、なんと戸井さんそのひとだったのである。

もちろんこんなところで思いもかけず、お目に掛かれたのも驚きだが、その社長さんがフィアット８５０クーペを駆って、ジムカーナにエントリイしていること、さらに果敢な走りで表彰台にまで立たれたのには、目を見張ってしまった。かくして、戸井さんは強烈なインパクトで以って、硬骨なクルマ趣味人であることを小生に印象づけたのであった。

その時に、横浜の会社に通っておられる戸井さんが、大磯にお住まいで、家とは別に6台ものクルマが収められるガレージをお持ちで、そこを基地のようにしてクルマ趣味を楽しんでおられることを知った。そして、どうぞ一度ガレージにおいで下さい、とお誘いまでいただいたのだが、それがこの取材でようやく実現したというわけである。

愛車フィアット850のクーペとスパイダーの前で、戸井夫妻のショット。最初に奥様用に「可愛いいクルマ」として買ったのがフィアット850クーペで、以後、フィアットはずっと戸井さんのガレージを占拠しつづけているのだ、と。下は、戸井さんの趣味の基地ともいうべき、6台のクルマが収められる羨ましいガレージ。

## 第1回の日本グランプリを見、クルマ趣味をまっしぐら

「私はね、第1回の日本グランプリをこの目で見ているんですよ。ええ、中学に入ったばかりの頃かな。こどもの頃からクルマが好きでしてねえ。鈴鹿にグランプリがやって来るんじゃ見ないわけにはいかない。地の利といいますか、和歌山に住んでいましたので近鉄電車を乗り継いで……」

1963年に開催された、わが国で初めての本格的なレースといっていい、画期的な大イヴェント。国産トゥーリングカーによるレースをはじめとして、欧州から招待されたそうそうたるクルマによる、エギジヴィジョン・マッチも行なわれた。そこで、戸井さんはまたまた大きな衝撃を受ける。

「もちろん初めて見るレース。しかも、本物のヨーロッパのレースカーが来るんですから。いや、すごい感激でしたよ。

その鈴鹿でロータス23にはずいぶん衝撃を受けました。だって、小さいのにフェラーリやアストン・マーティンを向こうにまわして一番なんですから。いまだに目に焼き付いています。たちまちにロータスのファンになったわけですよ」

——中学生でロータスとは、ませていたんですねえ。

「いや、それは目の前で大活躍を見せられたからですよ。それまで故郷は田舎ですから、きらびやかなアメ車が走っているのなんてあまり見る機会もない。知っているクルマといったら、メルセデス・ベンツ300SLが世界一のスポーツカーで、ジャガーEタイプがあって……といったくらいでしたから。小学校5、6年生の頃だったかな、『少年マガジン』など少年週刊誌が創刊されまして、その最後のグラフ・ページに『世界の自動車』というのがあって、そこでの知識がほとんどすべてでした。

少し経って、ようやく『Carグラフィック』が創刊されましてね。もう毎月発売が待ち遠しくて本屋さんに駆けつける、そんな子供でした」

——お見それしました。そんな硬派なクルマ好きだとは思ってもいませんでした、最初が最初ですからね（笑）。やけに旧いクルマに強い社長さん、それもいきなり社長さんにつないで

戸井さんの記憶に残る２台。上は少年雑誌の記事で「世界一」のスポーツカーと認識していたメルセデス・ベンツ300ＳＬ「ガルウィング」。下は第１回「日本グランプリ」で、フェラーリやアストン・マーティンを向こうに回して大活躍し、強いインパクトを与えたロータス23。

下さるものですから、失礼なことに家庭的なこぢんまりした会社の社長さんとしか思っていませんでした。

付け加えておくと、当時の「クーパー・オートモーティヴ」はM&Aで現在は「フェデラルモーグル」社に変わり、「チャンピオン」スパークキングプラグのほかに、ブレーキパッドその他で知られる「フェロード」、ガスケット、エンジン部品などの「AE」などを扱う米国企業の日本法人である。

「クルマ熱は高まるばかりで、その後もグランプリは欠かさず見に行くことになります。3回目からは富士スピードウェイに移ったわけですけれど、夜行列車で見に行きましたよ。それで大学も静岡なんです。理由がいいでしょ。鈴鹿と富士の中間ということでね、どちらでも簡単に見に行ける、と（笑）」

硬派なクルマ好きの状況は収まるどころか、ますますエスカレートしていく。

「その静岡での大学時代はラリーに打ち込んでいました。全日本クラスにも出ていまして、もう少し体力と根性、それに腕もですけれど（笑）、それがあったらそちらの道に行きたいくらいでした。

でもいい時代のラリーでね、自然の中を、決して自然破壊などということには結びつかないかたちで、走り回っていましたから。いまでも長野県周辺のルートは目をつぶっていても走れる（笑）」

——いい時代でしたね。ラリーもですし、クルマそのものも。ちょうどいろいろな規制が加えられる前で、荒削りだけれど、クルマそれぞれに個性があった……

「そうですね。佳き時代に楽しめて幸せでしたよ。

クルマは最初の1台だけ親に中古車を買って貰いまして。その後は、旧いクルマを買っては自分で直しながら走っているような、そんな感じでした。大学の専攻は機械なんですが、いつも自動車部の卒業です、と（笑）」

——卒業されてからは？

「いや、自動車会社に入りたいと思いまして、受けたんですけれど落っこちまして。ちっとも勉強しませんでしたから……」

——なにしろ、自動車部の卒業だから（笑）。

「それでアルミ関係の会社に就職したんです。まあクルマは趣味でつづけようか、と。そんなときに『チャンピオン』の求人広告を見付けまして。先ほどもいいましたように自動車大好き、アメリカ大好きですから、これしかない、と。

当時ですから転職など一般的ではないし、外資系といっても分かってもらえない。心配するといけないので、決まってから親に話しました」

——実際にその当時の外資系の会社というのは、どうだったのでしょう？

「最近の会社は日本のことをよく勉強していて、日本の会社とあまり変わらない、いや、より日本的だったりしますが、当時はやはり特徴がありましたね。

それにアメリカの日本に対する見方も大きく違っていました。1970年代のアメリカですから、もう世界一ですよね。世界一のアメリカのものなのだから日本でも売れるに決まっている、そんな感じでした。

入ってすぐに、1ヶ月ほど研修をして貰ったんですけれど、それが私にとっては最初の海外旅行で。まあ、夢のような世界でしたね、当時のアメリカは」

——カルチャーショックはいい方に働いた？

「そうですね。アメリカ人、特にクルマ関係の会社にいるようなひとは、みんなクルマ好きですから、たとえば私が旧いアメリカ車の絵を描いてみせたりすると、喜んでくれるんですね。すぐにそれでコミュニケーションがスムースになる」

――クルマ好きはいいもんだ、と。

「そう、それをアメリカで実感して。

でも正直、製品のクウォリティではもう躍進する日本製品の方がアメリカを追い越していたんですね。ですから仕事の面では苦労も多かった。でも、自分にとってはなによりも夢が叶って、嬉しかったという方が、勝っていましたね。レースの世界で『チャンピオン』は広く認められていましたから、有名な方々ともお話させていただくチャンスもありましたし、さらにオマケとしてＦ１をパドックで見せてもらえたりね。むかしの夢みたいなことがみんな叶っているんですから」

「クルマが好きで、それでアメリカ文化にも憧れていた。いまの仕事は趣味と仕事が一緒になって、幸せを実感しています」と戸井さん。若かりし頃はラリーを大いに楽しんでいた、という。最近もファイティング・スピリッツは衰えることなく、クラブ・イヴェントでトロフィをさらう。

## 同じフィアット850を3台
## ガレージに収めるところが趣味人

もうひとつのクルマ話、戸井さんの趣味のクルマについて話を進めよう。

4年前、丘の上のミカン畑の隅の土地を借りて建てたガレージが完成したことで、戸井さんのクルマ趣味は大きく飛躍した、という。早速、自宅から10分ほどのところにあるガレージに場所を移し、そこを拝見しながら、話はつづけられた。

フィアット850を3台お持ちだという話は前に書いた。本当はそれは3台＋部品取りになるか蘇生するか悩んでいる1台、ということだった。

「一応6台が入れられるスペースがあるんですが、本当は5台にして、あとの1台分を作業スペースに充てる。そうしていたんですが、予定外のクルマがやってきまして、いまは一杯で困っているんです」

——あ、カマロですね。

「このカマロ、1981年式なんですが、大きな図体だった頃の最後、という感じのモデルですよね。本当に、ちょっと味見してみようかというような軽い気持ちだったんですが、元もとアメリカも好きでしょう。おお、これも悪くない、捨てられなくなっちゃうんですよね（笑）」

捨てられないと分かってどうしたと思います？　最初は私にこれに乗れというんですよ。いや、流行のミニ・ベンツに乗るなんてのより、よほどいいと思うよ、奥様のアシとしても。一緒に来て下さった奥様との間に、軽妙なやりとり。たしかにいきなりで驚きはしたものの、戸井さんにも奥様にも、この少し旧いアメリカン・クーぺは、年齢的にもなかなかいい感じ、ではある。

でもカマロは恥ずかしいです！　のひと言で、話題は次に移っていった。

——フィアットのベルリーナが2台ありますね。

「三重県に20年来の友人が居りまして、彼が自分でフィアット850ベースにチューニングしていたクルマがあって。ええ、アメリカからパーツを輸入して、コツコツ楽しんでいたんですね。それこそフィアット850をアバルト仕様に仕立てようと。エンジンだけでなく、ボディもフェンダをふくらまして、いい雰囲気だったんです。

なかなか決まっていましてね、飽きたら譲れよ、って冗談のように言っていたんです。しばらく静かにしていたら、ちょっと持ちきれなくなったから、と。それでいただいてきたんです。残念なことにボディの方が腐っちゃっていまして。どうせならもっと早くくれれば良かったのに……（笑）。

ボディをこの先どうするか、まだ決めてはいないんですけれど、エンジンはとにかく調子よくて、いい音なんですよ。早速クーペに積み替えて、ジムカーナに出て……」

——それで2位入賞ですよね。でも、戸井さんにとってフィアット850って、どこが拘る部分なんでしょうか。

「いや、最初に買ったのがたまたまフィアット850だったというだけで、特別このクルマだけに拘っているわけじゃないんです。それでも、ひとつのクルマを長く持っていると、何故だか集まって来ちゃうんですね（笑）。縁といいますか面白いものです。

最初、結婚して間もなく、奥さん用にと称して衝動買いしたのがフィアット850クーペだったんです。それまでのラリーから少し旧いクルマもいいかな、と。それは、そこそこ手は掛かったけれど、逆にそれがいとおしくなって、といういい受けとめ方になっただけで。

「うーん、もう少し早くくれればよかったのに……」と赤錆びたフィアット850ベルリーナのボディを前に、生かすべきか諦めるべきか思案の戸井さん。調子のよかったエンジンは、早速850クーペに換装して、ジムカーナを疾走した。「これくらいの大きさのエンジンは扱いやすくていい」と。

旧いクルマは、それこそかつて『Ｃａｒグラフィック』誌で、小林さんの書かれたものを一字一句、暗記するほどに読んでいた、あの頃の誌面のスターでしたからね。いまになって思えば、懐かしさといいますか、かつて若かりし頃に憧れていた、だって外車といえばすべてもう雲の上だったでしょ、それが身近にあって触れていられるというだけで、なにか気持ちが嬉しい。それはとても得難い幸せですよ」

どこまでも自然体というか、肩肘張ったところがない。こんなに自然でひとつのことをつづけていけるものだろうか。趣味に飽きてしまったりすることはないのだろうか。先に小林さんにお訊ねしたことを思い出して、同じ質問をしてみた。

――しかし、それから30年近く、フィアット８５０に飽きることはないんでしょうか。ずっとクルマ趣味も生涯の趣味として継続していくために、いやにならないための努力なんてすることはないんでしょうか。

「うーん……　だいたいクルマを趣味にしようなどと特別に考えたことはありませんねえ。いってみれば自然に好きなだけで。小学校5年のときから、クルマはもういい、って思ったことは一回もない。次々に楽しみが湧いてくる。尽きようがない、そんな感じですねえ。

片や美しいファストバック・クーペ、片や可憐なジウジアーロ・デザインのスパイダー。同じフィアット850でも、個性はまったく異なる。それにしても、この２台に、ベルリーナまで持って、順にレストレーションしてしまう戸井さんのヴァイタリティとエネルギイはすごいものだ。

このスパイダーも一応直して、ブルーの塗装もくたびれていたので、この色に塗り替えたんです。実はイメージは小林さんのブガッティ・ブレシア、あのベージュ色を狙ってオーダーしたんですけれど、仕上がったらだいぶ違うイメージになって……」

こういう議論よりも自分で楽しむ方が先。趣味の極意は、などと訊く前に黙ってこの楽しんでいる様子を見てみれば？　どうも、そういいたげな様子で、戸井さんはそのベージュ色のスパイダーに乗り込んで、エンジンを掛けて見せてくれるのだった。

訊きたいことはまだたくさん残っている。最近、いきなり若いひとが「最後の皿」のようなクルマにいったり、分不相応なステイタスのクルマに乗ったり、趣味を長くつづけていくのと逆の行動にでてしまい、結局すぐに飽きてクルマ趣味（果たして本当の趣味だったかも疑わしいが）から足を洗っていくのに遭遇している。趣味はだんだんとステップアップしていくのが面白い、といまさら改めるまでもないことだが、逆に戸井さんほどの方が、長くクルマ趣味をつづけていて、ずっとフィアットにとどまっているのも面白いことであった。訊き方が難しいけれど、訊いてみた。

——戸井さんは、フィアットなんて大衆車ばかりでなく、もっと、その、なんといえばいいか、名の通ったクルマなんて興味はいかないんでしょうか？

「……そうですね、実は最近は血統書付きが1台くらいあってもいいかな、とそんな気持ちも少しでてきましてね。結局、最初に手にしたクルマがフィアットで、それが手が掛かるだけにいとおしくなりまして、ま、いってみれば血統書はないけれど、身近で可愛い（そういうのを「ウチのポチ」というんです）存在だったわけです。だからといって、高貴なクルマが嫌いだというわけではありませんので。

ランチアやマセラティ、アルファ・ロメオなんて気になりますものねえ。そう、フェラーリだってもちろん嫌いじゃない。ピニンファリーナデザインのフェラーリ250クーペなんて美しい。いいなあ、とは思うんです。自分の手の届く範囲で、そういうものが出てきたらそれは心が動かされるでしょうけれど、でもだからといって、もはやフィアットを捨てるわけにはいきませんからねえ。やはり、買い足せるかどうか、という判断になるでしょうね。

ただ、クルマに法外なお金を掛けようという気がない。計画性がなくて、いま買えるか買えないか、それだけで決まっちゃうようなところもありますし。それといつも分相応かどうか、は気になりますし、自分が持ちきれずに朽ちさせるのは忍びない。

そんなのが、踏ん切らさないでいるだけのような……　だから夢がないわけでも、上に行きたい気持ちがないわけでもないんです。

難しいことはなにもなくて、若い頃からクルマはイタリアのものに憧れて、それでアメリカ文化を見ながら育った、それを少しずつ自分のものにしながら、楽しんでいるようなものです（笑）」

どこまでも気負うところなく、自分の世界を楽しんでおられる。趣味はひとに見せるためのものではなく、自分が自分の心を満たすためのもの（だから本気で、だから一途で、だから大切なものなのだ）、そんな当たり前のことが改めて大事に思えるのだった。

気負うことなく、自分の世界を楽しんでいる風の戸井さん。その背中は多くのクルマ好きにとっても、目標になるにちがいない。フィアットを中心に小型の個性派を愛好する戸井さんだが、もうそろそろ１台くらい高貴なクルマがあっても、と。その名があがったフェラーリ250ＧＴクーペ。

戸井陽司（とい・ようじ）さん
1948年、和歌山県生まれ

# 第5話　つくらないモデラー、乗らないエンスー

増井勤さんの1／1と1／43

## 買ってから5年間
## 乗ることなく終わったアルピーヌ

増井勤さんがアルピーヌA110を買った。そう訊いたのは確かもう5年も前のような気がする。なんでも英国のアルピーヌ・フリークが所有していたクルマだとかで、すぐにも走り出せそうな上々の状態だったのに、どうしても仕上がりで気に入らないところがあって、ボディ・レストレーションに出してしまった。それで、塗装が仕上がってくるまでに2年半。その後、ブレーキや足周りレストアのために別の工場に入って、それでさらに2年弱。せっかちな小生などには考えられない悠長さだ。

そのA110は、結局、一度も路上に出ることがないまま、じつはフランスから輸入された別なA110の下取り車になったのだという。その新たなほうも、ナンバーは取得したものの、エンジンのオイル漏れだかで、輸入元の工場との往復などで数回乗っただけで、現在はふたたび修理の順番待ちをしているのだ、と。ナントモハヤ。

増井勤さんがアルピーヌを買った。クルマ好きにはちがいないが、1／1よりもむしろミニチュアのコレクター、あるいはモデラーとしての方が、クルマ趣味の中心になっていた、という。その増井さんが買ったアルピーヌは、しかし、実際に走らせることなく、いまも工場の片隅を占拠したまま、と。

アルピーヌがそういう状態の間に、増井さんはもう1台の素晴らしい趣味のクルマを手に入れる。

「おなじAではじまるスポーツカー。でもボディカラーは対照的なイタリアン・レッド。いいですねえ、この2台が並んでいるのは。眺めているだけでも嬉しくなってくる。もっともそれはウチのガレージではなく、工場で見たという話ですけれどね（笑）」

1968年のアルファ・ロメオ1300GTAジュニア。これまた、整備のためにおなじ工場に入場しているのだ、と。またしてもナントモハヤ、である。

増井勤さんとは、実は25年ほど前、学生時代に「ある事業」に協力してもらったことがあり、そのときが初対面であった。それからしばらく疎遠になっていて、10年ほど経って思いも掛けないかたちで再会し、以後はおなじ趣味の友人として懇意にさせてもらっている。

それにしても、最初の時は、小生は「鉄道」のひとで、ゴルフ同好会にいた増井さんがなんの因果か興味半分で手伝ってくれた。「ある事業」というのは、鉄道100周年記念と銘打たれた書籍をつくるために、鉄道研究会のわれわれに与えられた「日本全国の国鉄の駅の写真を撮るように」という大事業であった。それを仕切った小生が、クルマで地方に出張できる仲間を募ったとき、部員のひとりの友人ということで参加してくれることになったのが増井さんであった。参加者はみんなようやく手に入れた中古の国産車に鞭打って、若さを武器に走り回り、クルマを持っていない者は手分けして、山手線や総武線などの国電区間を担当した。メインルートとして、2台のクルマがほとんど全国を一筆書きのようにして線路のあるところをくまなく巡り、それとは別にサポートしてくれる何人かが、たとえば四国だとか、山陰だとかのブロックをフォローしてくれた。

増井さんは山陰だったかを担当してくれたのだが、クルマが当時バリバリの新車のマークⅡGSSだったこと、取材先でギアボックスを壊し、ほとんど1、2速だけで帰ってきたこと、しかしそれをほとんど苦にすることない話し振りだったことが妙に記憶に残っている。みんながようやく手に入れた中古の、とりあえずアシにできるクルマだったときに、新車のカナリア・イエローのGSS。着るものだって、みんながよれよれのジーンズにTシャツだったときに、増井さんはさすがゴルフ同好会、小綺麗なベストかなにかで、話し振りといい、ちょっと育ちがちがう、そんな印象だった。

ただ、そのときはお互いの間にそれ以上の接点となる要素はなく、音信も不通のままになってしまっていた。

そんな増井さんと10年振りに再会したときは、ふたりともクルマ趣味にどっぷり浸かっていたのだから愉快だ。その折に初めて知ったのだが、増井さんは小さい頃からクルマ好きで、特にカーモデルの世界では、結構早熟の趣味人であった。すなわち、たとえばプラモデルは余裕があれば3個買う。それは組むために1個。それに加えて、コレクション用にもうひとつ未開封の状態で保存しておくもの、さらに貴重品と感じたものは後々交換用にするためにもうひとつ、計3個買うのが趣味人だ、という。そういうことを、若い頃からやっていたというから空恐ろしい。

そして最近では、つくることより専ら買うのが趣味のようになっている。押入に、死ぬまでかかってもつくりきれない数のキットを溜め込んでおく「つくらないモデラー」なのだ、と。

「55号くらいからかな。読みはじめたのがいつ、っていうのはひとつの趣味年齢のモノサシになりますよね、『Ｃａｒグラフィック』誌は。ええ、中学校の時から読む、というより眺めていましたね」

これは先に訊いた黛さんと同じ頃か。同じことを訊いてみたくなった。何故、数ある自動車雑誌の中から「Ｃａｒグラフィック」誌を？

「(笑)それはグラフィックだったたからじゃないですか。専門用語などはまだ知らないから、記事のほうは難しくて、なかなか全部を読破はできない。だから写真の多いのは魅力だった。

それでいちばん面白かったのは海外のモーター・ショウの記事。自分で勝手に創り上げたショウカーの絵なんか描いていたみたいですよ、こどもの頃は。

トヨタのマーク「ＧＳＳなんて憶えているだろうか。あの頃、いすゞ117クーペなどとともにとても高価な国産車の１台だった。

やがてレースやラリーに興味がいき、ちょっとレーシイなスポーツカーに憧れるようになりました。カーモデルもそういうジャンルのクルマを買うことが多かったですね」

それで、再会したときには、趣味が昂じてカーモデルの記事を専門誌に連載するようになっていた。いや、専門のライターとかいうのではなく、父上の創設された出版社を切り盛りしながら、あくまでもアマチュアの趣味人として記事を書いていたのだった。

それにしても、趣味のいい大人のモデラー、そういう雰囲気の増井さんとは同じ趣味人の波長を感じとって、すぐに意気投合、以後お付き合いをさせてもらっているというわけだ。一時、スーパー・セヴンに乗っていたこともあったというが、再会したときは、しばらく趣味のクルマは持たず、いいんですよ僕は1／43のミニチュアで（笑）、という時期だった。それが、ようやく6年前に1／1のアルピーヌ購入に至ったのだった。

## 最近の自動車雑誌は少し違っていない？
## 僕らは相変わらずクルマが好きなのに

「最近の自動車雑誌は……」

いきなり増井さんはそういった。新居の壁一面つくり付けの収納をあけると、数多くのモデルのコレクションと同じくらいのスペースを占めて、自動車雑誌がずらりと並んでいる。

「以前は発売日が待ち遠しくて、という感じだったのが、最近はそうでもない。どうしてですかねぇ」

クルマ趣味の刺激が少ない、そんな気がしませんか、と。その原因のひとつが、毎月の自動車雑誌にある、というのだ。あくまでも読者の立場なんですけれど、何故かわれわれの欲しいクルマの記事がない、歯ごたえのある面白いものがなくなった。むかしの感動がなくなったのは何故だろう。

それは読者が成長して、むかしのような知識欲がなくなったからだ、という答は納得がいくものではない。

「そうじゃないでしょう。だって最近の雑誌の記事自体は、メカニズムがどうだとか、そのクルマが生まれる背景だとか、むかしはそこまで突っ込んで書かれていなかった、というところまで詳しく、深く書かれていますもの。それもワールドワイドで。それはそれで大いに結構。でも、われわれ読者の方がそこまでの知識を欲しているかどうかはわからない。逆にそういう知識部分の充実だけでオーケーかというとそうでもない、欲しいのはそれだけじゃない、ってことがある。そういうことが、つくり手に分かってもらえていない気がするなあ」

雑誌はひとつの「先輩の背中」だったじゃないですか、と。雑誌によって新しい知識を得たんだし、先輩によって書かれた趣味の楽しみ方の記事に啓発された、ということもあった。それになにより最大の趣味の刺激剤であったはずだ。そうした部分は、雑誌の中で占める割合が意外なほど少なくなっている。

「僕らの好きなクルマって、旧い新しいに関わらず共通点があるでしょ。好きにさせられる雰囲気というか、匂いというか。みんなそれぞれにオーラを発しているじゃないですか。

それからすると、誌面に登場するクルマがちがいすぎる。ジャーナリズムだからすべてのクルマをもらさず採り上げるということかもしれないけれど、オーラのないクルマは記事になっても、なにか誌面が妙に力んでいて、読むのに疲れちゃうって感じがするんだな。

たまに興味のあるクルマが取り上げられても、切り口はみんな一緒。スペックはこれこれ、箱根やサーキットでのコーナリングは云々、それも表層的なことだけで終わっちゃうと、もういいや、って。たとえば、ボディのここの部分のカタチがゾクッとするほど美しいとか、実用車なのに乗っている間中ハイな気分にさせられるといった、楽しい、うれしい、気持ちよい、美しい、すごいといった感性の部分がほとんど書けていないような気がするんですよ。分かってもらえるかなあ」

まず、雑誌を書いている人間がクルマ好きじゃない。クルマが好きだったとしても、その好きさ加減が変に理屈主導というかスペック本位というか、やはり当然なんだけれどプロフェッショナルで、言い換えればわれわれの好きさと種類が違う、だから遊離している感じがしてしまうのではないか、という。

それより以前に、自動車雑誌ってなんだろう。僕が親しんできた頃の「Ｃａｒグラフィック」誌もそうだったけれど、「クルマ好きの趣味誌」、もっといっちゃうとクルマ好きがクルマ好きの仲間に発信する同好の趣味誌という雰囲気があった。それが、いつの間にか自動車の情報誌、業界誌、ビジネス誌みたいになっちゃっている。したり顔で、読者全員評論家のように新車を評価(それも絶対的な数字で)したり、難しいメカニズムを理解しようとしたりするのは、違うような気がするんだ、と。

「メーカーとの関係もあるんでしょうけど、ニュウモデルだからというだけで、大きくページを割いているのを見ると、なにかスポーツ紙の見出しのような、空しさを感じてしまう。クルマ好きは自分の方から興味を持って読もうとしているのに、そんなに力まれちゃうとかえって読む気がなくなる。読んで疲れちゃう。そういうの、つくり手は分かってくれていないだろうなあ」

僕たちは、漁師のための漁業情報じゃなくて、釣りの楽しみとその情報が欲しいんでね、というのはその通りだ。話はつづく。

「うまくいえないんだけれど、趣味のものってある意味完璧である必要はない、っていうのがあると思うんですよね。

モデルカーでもあるんだ、本当によくできていて、欠点はないんだけれど味もない、ってい

増井さんの新居には、モデルのためのスペースが設けてある。工作のための机と飾り棚と……（机は151ページ）。こんないい環境にありながら、「つくらないモデラー」とは。壁一面につくりつけの収納を開くと、つくりきれないほどのキットと雑誌がつまっている。クルマ好きにはなんとも羨ましい環境である。

うの。そういうのが量産メーカーから大量につくられて広まったら、ある意味、趣味は終わりに近いな、と。逆に、これホントに組めるのっていうキットや、ディテールはあっさりしているんだけれど妙に雰囲気があったり、趣味人好みだったりして嬉しくさせられる作品、そういうのに出逢うと、ほんとうに嬉しくなる。1年にひとつでもそういうものに出逢えたから、趣味がつづいているのかも知れない。雑誌でいえば、1枚の写真、ひとつの記事のために買ってしまう、というような……」

そうはいいつつも、自分が実際に趣味のクルマのオーナーになってしまうと、そのクルマに特定した数字的な情報はどんどん集積してきて、情報過多のようになることもある。本当はそういうディジタルな情報ではなく、同じクルマの愛好者はなにを思い、どう暮らしているのか、そんなこととの方が興味があるんだけれど、と。

「でも、クルマって所有できるから難しいよね。書き手がいくら知識を入れて書いたところで、オーナーとしてそのクルマと暮らし、いろいろ体験した人には敵わないものなあ。

結局それもこれもどういう立場で書くか、だよ。たとえばそれが正確無比でなくてもいい。たとえば小林彰太郎さんだったらこのクルマをどう感じるのか、どう評価するのか、それに興味があるんだから。よくいうけれど、メートル原器は必要だけれど、それで測った結果を知りたいんじゃなくて、それで測った結果をみて、どう思うかを知りたいんだからね。それも、知識豊富なひとの評論ではなくて経験豊富なひとの感想を、ね。どこまでいったって、クルマ雑誌は楽しみで読むものなんだ」

僕の好みが偏っているのかも知れない。そうだとすると、僕の欲しい自動車趣味雑誌というのが世の中になくなってしまった、っていうことだけなのかもしれない。そう断わりながらも、先をつづける。

「カーモデルを趣味にしているとよく分かる。僕の場合ぜんぜんプレミアなんて考えていないで、ただただかたちのいいモデル、つくり手の感情が伝わってくるモデルを集めたり、つくったりしている。それはもう純粋な趣味以外の何ものでもない。カーモデルのメーカーも大手から、それこそ個人レヴェルの小さなところまであるけれど、こいつも好きでつくっているんだなあ、なんて製品に出逢えたときは最高の気分ですよ。

その点、ホンモノのクルマは結構な価格で、時に便利な道具になったり、時には財産になったりするからなあ。メーカーだってすべて大仕掛けで、つくり手の感情なんてぜんぜん感じる余地がない。それがあんがい諸悪の根元のようにも思うんだよな。

むかし、それこそ『Ｃａｒグラフィック』誌の号数が二桁の時代なんて、クルマがそんなに身近でなかったからよかった、ともいえるかな（笑）」

自分で好きなクルマを手に入れておきながらいうのもなんだけれど、誰でも持てるものというのはよくないね、と笑った。

増井さんお気に入りのモデルのひとつ。4台揃えさせるうまい仕掛け。

## 雪の日の「黄色のアルピーヌ」
## それはクルマ好きの共通体験のよう

書くひとがいない、書けるひとがいない。それすなわち、クルマ趣味を本当に実践している書き手が少ないということなんじゃないかな。増井さんの自動車雑誌への思いは小さいものではなかった。

「クルマの評論家って、語り手なんだから、そのひとの人生、生き方、趣味って重要だと思う……　そういう意味では、やはり小林彰太郎さんの存在は大きかったんだろうね。われわれは小林さんの活躍をそのまま疑似体験するみたいにして、クルマと親しめていたんだ。ワクワクして新車に乗って箱根でインプレッションして、ニュウモデルの発表のリリースを聞いて、ショウや博物館を探索して、イヴェントを楽しんだりしたんだ。アドヴァイスをもらいながら、あれこれ車種選びをして、もちろん夢物語なんだけれど、そのクルマを所有して暮らすことが夢見られたんだから。

それとは別に、ブランドの歴史を読んだり、モデルの変遷を辿ったり、レースカーのディテールを調べたり、いろいろ楽しみのページもあったしね。最近はまったくなくなっちゃったけれど、モデルのページもときどき出ていたし」

――でもやっぱりいちばん嬉しかったのは、憧れのクルマのインプレッション記事だったな。たとえば、例の「黄色のアルピーヌ」なんて、面白かったよねえ、と。

「時ならぬ雪で、予定していたニュウカマー、ルノーR12だっけ？　あれをテストする予定が間に合わず記事も書けない。

「それも確か東洋工業だかへ行く直前で、羽田から慌ただしく連絡を取ったときにわかった、とかいうのね。テストコースの予約も取ってあったのに、さあ弱った、グラビア5ページ空白の悪夢がよぎる。さてどうしようか、と。それで、当時ルノーのディーラーだった日英自動車のショウルームに、鮮やかなイエローのアルピーヌがあったのを思い出して……というのが面白いよね。雑誌に少しでも関わったことがある者には、5ページ空白、なんて妙に信憑性があってドラマティックだものなあ（笑）」

――それで、ワラをもつかむ気持ちでアルピーヌ取材を頼む相手が、小林さんとは旧知の仲

これが噂の「黄色のアルピーヌ」の「CAR　GRAPHIC」誌1971年2月号。A110‐1300Sのインプレッションとともに、「アルピーヌ物語」が掲載されていて、アルピーヌ好きのバイブルになっていた。下はA110‐1300S。後年アルピーヌ生みの親、ジャン・レデレさんのところで撮影させてもらったもの。

の西端日出男さんというのもいいじゃないですか（笑）。

「ちゃんと本文中でも、持つべきものは友達で、なんて、かつてMG‐TCを共有した唯ならない仲だということをちらりと書いてあったり。それで雪の日に取材して、写真も大変だったのだろうなあ、雪の残った峠道や駐車場で撮られた写真で、なんとかまとめあげられていた。でもあの記事のおかげで、アルピーヌ好きは少し溜飲を下げたんだからね。ほとんどアルピーヌなんて採り上げてもらえてなかったんだから。

おかしいことに、最近アルピーヌ・オーナーと話をしていて、クルマ雑誌のアルピーヌの話になると、全員が全員この黄色の１３００Ｓのことを憶えていて、ああ雪で苦労したあれね、なんてみんなその顛末をよく知っている。まるで自分の友人の話のように思っている（笑）。それだけ臨場感があった、ということなんだね」

――それは感じる。案外、スペックがどうのだとかコーナリングがどうとかいうより、面白かったりする。困ったものだね。

そう、時としてクルマ好きのクラブ誌をとても面白く感じることがあるけれど、それと同じような気がするよ。

「でも、自動車雑誌はやはりプロがきちんとして書くものだからね。でもだからといって、あまり読者と懸け離れたプロフェッショナルに冷徹な記事を書いてもらってもつまらない。クルマ好きがクルマ好きのためにつくる雑誌には、そういったつくり手と読者の間のつながりが、結構微妙なのではないか、と思うんだ。

個人的には、プロの冷静な目で見た記事が面白くないのではないと思います。面白く感じられないのはスパイスが不足しているのではないでしょうか？　自動車の評論って、逆説的かもしれないけれど、中途半端なクルマ好きみたいな人が書いたのではきっと面白くないんですよね。超マニアなら、それはそれで面白いし、クルマが好きでなくとも面白い趣味眼を持つひとならばそれも面白いだろうしね」

――読み手が趣味人だったりクルマ好きだったりするんだから、雑誌は「ネタ」をくれればいいんだから（笑）。

「プロ中のプロともいえるポール・フレールの記事をはじめ、『CG』誌に掲載されている海外のジャーナリストの記事もすごく面白いじゃないですか。

そういう意味では、日本の雑誌には本当のプロが少ないってことになる……のかなあ」。

そう、結局クルマ好きがクルマ好きのためにつくる雑誌には、そういったつくり手と読者の間のつながりが、結構微妙なのではないか。あまり読者と懸け離れたプロフェッショナルに冷徹な記事を書いてもらってもつまらない。増井さんが（そして黛さんも同じことを言っていたなあ）いう雑誌の温かみ、クルマに対する思いの共有は、そういう部分から滲み出るのではないか、そんな気がする。

そして、小林さんの話のなかに、「CG」誌を含め、自動車雑誌は本来エンターテイメントだと思う、というひと言を聞けたことを思い出したりしたのだった。

## 2台の「A」ではじまるスポーツカー それも1／1で持つぜいたく

それにしても、アルピーヌとアルファ・ロメオのGTA、なんとも絶妙な組み合わせである。

「クルマというのはタイミングですね、つくづく。どうも僕は一途でないというか、この2台にしてもたまたまであって、昔からアルピーヌ『命』、というような思い詰めた気持ちで思いつづけて手に入れた、というのではないんです。

アルピーヌ以外目もくれない、というのの逆、たくさんのクルマに目をくれちゃう（笑）、だから、手に入れたことが最終到達点でもない。

そう、これはモノの見方ということかも知れないけれど、僕はいいところを見てあげたい、という気持ちが強い。だいたいクルマでもなんでもそうなんですが、メカよりもスタイリングに興味がいく。美しいクルマはそれはそれでいいなあ、と思うし、逆にひとからは鬼面人を驚かすなんていわれるクルマでも、それも魅力ではないかと思ってみると……（笑）」

――そうだよね、増井さんの選ぶモノには、まともなものとトンデモナイものとの両方がある（笑）。

「ひとに見離されている、ということも、それでは僕が評価しましょう、という理由のひとつになる」

――まあ、天の邪鬼は趣味人のひとつの個性だから……

「つねに、10台くらいの欲しいクルマがあって、その中でたまたまタイミングよく見付かったのがこの2台、という感じで。

前に訊かれたことがあって、そのとき、何故アルピーヌかという答は、むかし憧れていた外国製補助ランプをたくさんつけて似合うクルマ、だった（笑）」

――なに、それ？

「変な動機なんだけれど、僕がラリーの真似事をしていた1970年頃に、外国製の補助ランプ、シビエだとかマルシャルのフォグやドライヴィングなんていうのが輸入されはじめた。そういうランプをズラリと並べたクルマが格好よくみえてねえ、そう、ランプ・マニアだったんだ（笑）。そういう意味ではフィアット124のアバルト・ラリーでもストラトスでも……」

増井さんのお気に入りのアイテム、ランチア・ストラトスとフィアット124。ランプをたくさんつけたラリー仕様が大変に魅力的だ、と。なるほど、そういう好みもあるんだ、と感心。モデルでも、その類のクルマが自然に多く集まっているのは、自然の成り行きというものだろう。

——ミニ・クーパーでもよかったんだ。

「いや、ミニはダメなの。ミニはランプのないレーシングの方が断然格好いいと思う。でもそれって、もしかしたら当時の雑誌にラリー仕様のミニの、僕の気に入るカッコイイと思える写真が、載ってなかったということだけかもしれない（笑）」

——そういうのが説明できない趣味人的「天の邪鬼」、いや、独自の審美眼ですね（笑）。常人には理解できない。

「だからアルピーヌを知った最初の時から、ずっと憧れのクルマではあったんだ。でも、当時って、たとえば雑誌などでいいクルマを見付けて、本気で憧れたとしても、とても買うとか買わないとかいうような対象ではなかったよね。たとえお金を持っていたとしても、価格はもちろん、どこで売っているのか、どうやって買えるものか、そんなことなにもわかっていなかった。そういう情報はまったくなかったでしょ。雑誌も、そういうクルマは手に入れて自分で所有して遊ぶものではなく、あくまでも雑誌で見て楽しむもの、話題として楽しむもの、っていうスタンスだったんじゃないかな。

いやそんなだったから、まさか自分のものになるなんて考えもしなかった。20年にしてようやく。だから嬉しさと、本当にそれを自分が手に入れたのかという不思議な気持ちとが綯い交ぜになったような……」

――そんなことをいいながら、ボディ・レストレーションに2年半だっけ、その後も何年間も乗ることなくというのは？

「あー、これねえ（苦笑）。乗りたくないわけじゃないんですけれどねえ。でも、ひとつにモデル感覚だということはあるんです。とりあえず手に入れた、いつでもガレージに行けば、まだガレージじゃなくて知り合いの工場にありますけれど、とにかく見たければいつでも見られる、それで相当満足できちゃっているんです」

――なるほど。プラキットでランナーに付いたままの状態でも充分愉しめる、というモデルマニアの感覚なんだろうか。もう、キットの状態でも完成された姿が頭の中に浮かんでいる。

「そう、うまく説明できないですけれど、それに似た感覚は間違いなくありますね。それと長いことモデルカーを見てきて、塗装の仕上がりだとかがいちばんに目についてしまう。そういう点からこのA110は、まずボディを直さないと気が済まなかった……」

――そうか。この状態で乗ってしまうのはカーモデラーとして許せなかった。そうか、わか

増井さんの許にやってきた2台目のアルピーヌ、1970年A110 - 1600S、1台目もぜんぜん綺麗だったのに、増井さんはどうしても許せなかったらしく、ボディをはじめ大がかりなレストレーションになってしまい、その結果……

った！　レストア前の状態で乗るのは増井さんの審美眼が許さなかったんだ。

「見栄っ張りなだけかも（笑）。結局、それでボディを塗り替えたり、いろいろ好み通りに仕上げていたんですけれど、突然知人から、フランスで素晴らしくレストレーションされたのを紹介されて……」

――なるほど、キット仕上げ途上で素晴らしい完成品をみせられて、あっさりそれに買い換えてしまったんだ（笑）。まるで1／43みたいだなあ。

「いや、1／43だったら、2台とも持っていますよ。1／1はやはりそうはいかない（笑）」

――そうこうしているうちにもうひとつ出来のいい完成モデルが見付かっちゃって、それも買っちゃった、と。

「ああ、アルファ・ロメオですね。1969年GTA1300ジュニアなんですけれど、これはいい状態で仕上がっていた。なかなか稀じゃないですか、GTAジュニアのノーマルで綺麗なの、って。タイミングなんですよ、さっきもいったように。だからたまたま前後して、手に入っちゃっただけで、宝くじが当たって使い途に困ったわけじゃないんです。ローンの支払いで大変なんですから（笑）」

増井さんのもうひとつの「A」ではじまる1／1コレクション、アルファ・ロメオGTA1300ジュニア。鼻先を白く塗ったレーシング・ヴァージョンはモデルで持っているし、1／1のオリジナルなGTAは少ないから、これはオリジナルのままとっておきたい、という。それには大いに賛成。

――貴重ないいモデルを見付けたら、無理をしてでも買っておく。まったくカーモデルを買っているようなものだ、増井さんにとっては。

「価格はふた桁ほど違いますけれど、案外そんなものかも知れない、いわれてそう思いますすよ。1／1は実際自分で走らせられるんで、それはそれでさらなる別の楽しみではあるんですけれど……」

――わかりましたよ、でも、一度はきっちり仕上げておかなくちゃダメなんでしょ。

「……（笑）」

## クルマはクルマで好きだけれど趣味の対象は1／43から1／1まで

増井さんが55号から「Ｃａｒグラフィック」誌を読みはじめた、ということは先に訊いたけれど、その後、この2台の「Ａ」ではじまるヒストリックカーに至るまで、またそれに加えてカーモデルについて、訊くの忘れてばなるまい。実のところ、お互いに軽口を叩き合えるような仲であるがゆえ、かっちりとインタヴュウしようにも、話はあちらへこちらへ飛びまくってまとめるのにひと苦労。小林さんの時とは違った意味で、大変であった。

閑話休題、しかしながらこういう趣味の友人というのは得難いもので、お互いに刺激しあい、「背中」を見せ合いながら歩いているようなところがある。

「それは僕の場合、クラブという存在があったから」

増井さんは、もう30年以上つづいている名門自動車クラブに所属している。

「直接教わるというより、仲間がヒストリックカーをずっと維持しているのを見たりできたのは、自分が実際に1／1を手に入れるときの不安を取り除いてくれましたね。それと、仲間が行き付けのK自動車があって、メインテナンスなどの面倒を一手に引き受けてくれている、というのも大きいですよね。僕にとって見る背中は、案外仲間の背中だったかもしれない（笑）」

最初に輸入車に乗ったとき、そしてスーパーセヴンに乗ったとき、そして今回1／1のヒストリックカーを手に入れるときも、やはり仲間の背中から得た自信は大きかった、という。

「最初に会ったときマークⅡGSSだったでしょ」

——どうせ、家のクルマとしてマークⅡ買いましょ、とかいって狙っていたGSSにしちゃったんでしょ？

「（笑）わかります？　まあ、そんなところなんですけれど、そのマークⅡの次は、セリカなんです」

——またそれは、いまのアルピーヌやGTAからは予想もつかない。

「そうかもしれないですね、その頃べレGかなにかに乗っていればすごく分かり易かったんだよね。でも僕の中で妥協していたというか、自分で買うなんて甲斐性はなかったから。

でも、そのセリカは2台乗り継ぐんです。最初はセリカLB、2台目はクーペ」

――コレクションの鉄則、同じものをふたつ買う、って（笑）。

「違いますよぉ。2台目はラリー・ヴァージョンだったんですから。説明しますとね、家の近所にちょっと歳上のクルマ好きがいまして、彼はラリイストでして、最初ベレGだったかな、その後はブルーバード510SSSで頑張って。その彼が綱島チューンのセリカを2台つくってもらうから一緒に買わない、って。スペアカーだったわけですよ。でも、実戦マシーンだから、カリカリにチューニングされていて、面白かったですよ、結構。デロルトのキャブが付いていたなあ。それで、ダートラで遊んだり、ラリーの真似事をしたり」

――それが、ラリーの覇者、アルピーヌにつながる、と？

「順番に訊いて下さいよ。セリカはやはり過激で、嫁さんをもらったりいろいろありましたので、少しマイルドだけれど、気持ちだけはスポーツ、というところで次にフィアット131レーシングにいくんです。そうです、その上に本格的な131アバルト・ラリーというのがあったんですけれど、さすがにそこまではいけず、雰囲気重視で。それが初めての左ハンダーですね」

――なるほど、オレンジ色の結構勇ましいかたちの。でも、スポーツカーでなくて、スポーティ・サルーンというところが、増井さんらしいよね。

「なんのなんの。そのあとはかたちだけのスポーツ・クーペ、オペル・マンタです。われながら脈絡がなくていいなあ（笑）。でも、いかにも好きなひとが乗っている、という感じじゃないところが気に入っていて、マンタには結構長く、そう7年くらい乗っていました」

――でも、そうやってクルマの遍歴を聞かしてもらうのは実に面白い。そのひとの好みだとか性格だとか生き方みたいなものまで感じられたりする。

「で、マンタのあとがシトロエンXMで、それを7年乗って……」

――いまもXMですよね。

「そう、そろそろモデルチェンジと聞いて、じゃあ新車に乗り換えておかなきゃ、って。僕にとって最高のクルマですからね、シトロエンXMは」

――そう、同じものを2台乗り継ぐというのも、シトロエン好きというところも、増井さんらしさですよね（笑）。

「どういうことだろ？　で、その1台目のXMのときにスーパー・セヴンを経験しています」

――増井さんがセヴンに乗っていたというのは、ちょっと理解できないんだ。

増井さんのクルマ遍歴の2台。上はフィアット131ラリー・アバルトだが、これが欲しかったけれど叶わず、中味はおとなしい131レーシングを初めての左ハンダーとして乗った。そのフィアットの次がオペル・マンタ。独特の審美眼で、結構気に入って6～7年間も乗っていたという。

「らしくない、ストレートに遊びのクルマだから、ですか？　でも、走らせたら面白い、やはりみなさんが評価するだけのことはありますね。アルピーヌやGTAとちがって、眺めていいというクルマじゃないでしょ。やはりセヴンは走らせて遊びましたよ。そう、スーツ着て通勤に使ったりもしましたもの（笑）」

——なるほどな。セヴンまではのりものとしてのクルマで、アルピーヌA110、アルファ・ロメオGTAジュニアは、1／1のミニチュア、って感じなんだろうな、増井さんにとっては。

「いや、そんなにきっちり分析してくれなくていいですよ（笑）」

——そうそう、せっかくの増井さんなんだから、カーモデルの話も訊いておきたい。前に言っていた、年に1台出逢えればいい、という雰囲気のいいお気に入りのモデルを紹介して下さいよ。

「このところは1／1を入手したこともあって、アルピーヌに結構入れ込んでいたんです。高品質のダイキャスト・モデルとしていいのがトロフュー社の1／43。普通ならプラスティックの塊になっちゃうところを細かく別パーツにしていたり、またシリーズ展開が僕好みで、気

「つくらないモデラー」にお気に入りをいくつか紹介してもらった。たとえばアルピーヌA110でも、ルーフの丸みやボディの張りなど、プロポーションが満足なものが少ない、と。上は、なかなかのトロフュー社の1／43ダイキャスト・モデル。下はミニ・レーシング社のレジン・キット。題材まで含め、マニアックでよろしいとの評。

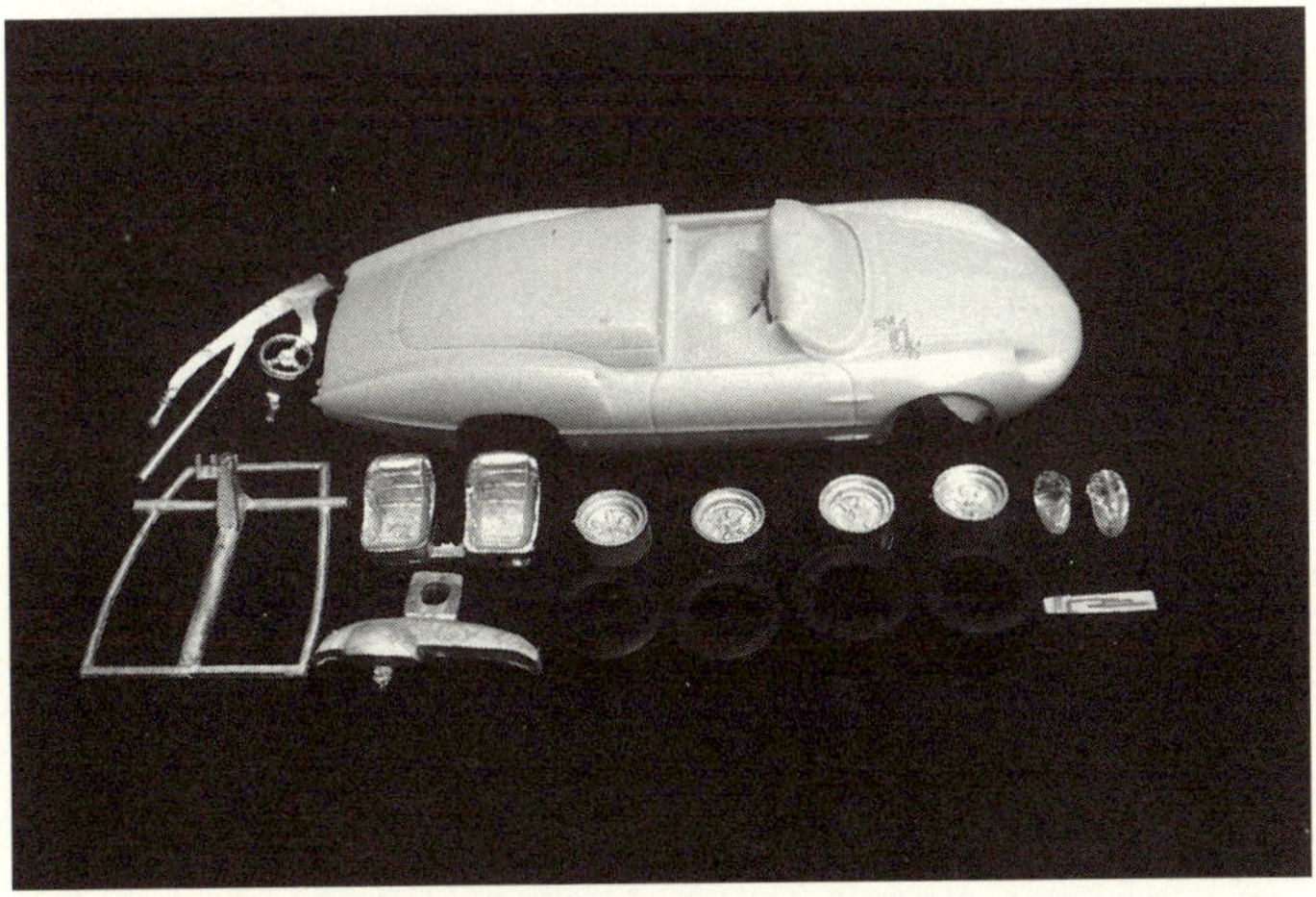

に入っていますね。レジン完成品のヘコ社製品は、少量限定というのもあって、どうしても揃えさせられちゃいますね」

――揃えさせられちゃいますね、って軽くいうけれど、相応の資金も要るし、なかなか増井さんのようにはいかない（笑）。

「それは、お金をどう配分するか、でしょ。僕はうんと節約して貯め込もうなんていう気がない。その分楽しんで、好きなものと暮らしていたい、そう思うだけで。時間も同じ。どう配分するか、それで自分が納得できるのか、そういうことですよね」

事も無げにそういい放ってしまうところも、増井さんらしい。フェラーリ1台しか持っていないのはビンボー臭い、ですよね。日常生活、自分で運転するのはまだビンボーかもしれない。単にお金の有無だけじゃなくて、気持ちの上で。ベントレイで自分で運転して通勤するっていうのはセヴンで通勤するのと大差ない、とかね。いろいろと例を挙げるようにして、気持ちの豊かさ、本当に趣味に没頭できることの素晴らしさ、などを話し合った。

「じゃお前は？　っていわれるとなんともいえないんだけれど。でもアパートの前の駐車場にBMWやCクラスが並んでいる景色は、やはりフツーじゃないよね。いまや、Cクラスより

Sクラスの方が安かった、なんていって置かれていたりね。

自分たちも背伸びしてきたけれど、それとは違うよね。先輩には、10年早いぞってよくいわれたものだな」

身の丈は知っておかなければいけない。でも、ずーっと身の丈でいると成長がない気もするし、その塩梅というのが難しくも面白くもある、というところか。

「その塩梅がうまくいくと、生活の雰囲気というか、そういうのがそこはかとなく滲み出てくる。周りをみわたすと何人かいるんだ、そんなひと」

増井さんも、そういう雰囲気がでてきたと思いますよ、特に最近。やはり欲しかった1／1を手に入れた効果じゃないか、というのは同じ趣味を持つ者の欲目、同病相哀れむというものであろうか。

増井勤（ますい・つとむ）さん
1951年、東京生まれ

「あとがき」

最初の計画とちがう内容になったことは「まえがき」に書いたとおりだが、その変更を差し引いても、本書はかたちになるまで、思った以上の時間が掛かってしまった。それは一にも二にも、コバヤシさんの存在の大きさにほかならない。とにかく「気をつけっ！」をしたままでは、躰が突っ張って、もう脳ミソに血はいかないわ、キイボードは叩けないわ、ましてや万年筆で字を書こうにも……そうそう、小生はプラチナのミュージックという万年筆を使っていて、これは筆圧の加減がですね――などと関係ない方向には話が弾んでいくのだが、ことコバヤシさんのことになると、なかなかまとまらないまま、取材したものはその日のうちに書き上げることも決して苦にならない、筆の速いはずの小生にしては画期的に時間を要した。

さらに、もったいなくも、チェックをいただけることになり、これがその、またあれこれ考えさせられてしまうタネをもたらせてくれるのだ。コバヤシさんは、きっとこんなネタをバラすような手法は好まれないだろうな、そう思いつつ、ひとつだけ書かせていただくと、「気をつけっ！」は原文では「キヲツケ」であった。単に緊張しての「気をつけ」とも、誰かに命じられての「気をつけ」ともちがう、独特のニュアンスを出したくて考えに考えて「キヲツケ」にしたのだが、いわれてみれば「気をつけっ！」の方が直立不動の感じに近くて、よかったりする。

ことほどさように余分なところに力んでしまったり、考えすぎてしまって、本書はようやく完成に至った。

しかし、追い詰められた分、最終的にはいくつもの「嬉しい確認」ができたように思う。そのひとつ、やはりひとが面白い、とコバヤシさんはいわれた。小生もそう思う。登場いただいた方々のクルマとの生活の面白さ、それが本書の「宝」である。本文中で、ことさら、小生とのつながりを書いたりしたのもそのため、である。初対面の方とも、クルマという共通の趣味のおかげですぐに打ち解けられる。クルマが引き合わせてくれたもう何十年来の知人友人、特に「先輩」は小生にとって最大の宝物なのである。

クルマ趣味もそうだが、趣味とはあくまでもそのひと個人の愉しみである。なにものにも囚われず、自分だけの世界が築けるから趣味の有り難みがある。ましてや趣味の指南などナンセンス、他人の介在を拒絶する、というひともいる。

それはそれで否定するものではないけれど、同じ趣味をもつひととの交流は愉しい。コバヤシさんが仰有るとおり、旧いクルマの仲間は、性別も国籍も地位もなにも関係なくて、同じクルマを持っているというだけで、長年の知己のように仲良くなれる。それを世界レヴェルで、もう40年もやってこられているコバヤシさんは、まさしく背中を見ていたい「先輩」だ。

最近でこそ、そのコバヤシさんにもお近付きをさせていただいているが、小生も数十年に渡って「Ｃａｒグラフィック」誌を通して、コバヤシさんの「背中」を見てきた。もちろんジャーナリスティックな記事も情報としては重要なものだが、それにも増して、「先輩」の背中が見える記事が嬉しいものであった。コバヤシさん直接に、あるいは何人かの方と、クルマ雑誌について話をし、同じような思いを持たれているのを感じて、やはりそうであったかと合点をした。やはり、クルマ自体も面白いけれど、それと暮らしているひとが面白いのだ。これからも小生は、そういう仕事をしていきたい、そうも思った次第だ。

ところで本書の１０４頁、アルファスッドの写真があるが、これは実は「ＣＡＲ　ＧＲＡＰＨＩＣ」誌のテスト（１９７4年6月号）で使われたクルマそのもの、である。

たまたま小生の友人の弟が手に入れて、あのテストのクルマだから、と大事にし、密かに誇りに思っていた1台だ。こういう話を聞くと、訊いた方も嬉しくなってくるから、やはり同じクルマ好きというのは面白いものである。

ようやくまとまった本書、もちろん多くの方々の援助があって完成にこぎ着けられた。インタヴュウさせていただいた方はもちろん、多くの方に感謝せねばならない。二玄社の河村昭、江木亜紀子ご両名には、今回もお世話になった。ここに謝意を表して締めくくりにしたい。

2001年秋

いのうえ・こーいち

クルマ好きは先輩の背中を見るもよし
**生涯自動車生活**

2001年11月20日　初版第1刷印刷
2001年11月30日　初版第1刷発行

著者　いのうえ・こーいち
発行者　渡邊隆男
発行所　株式会社　二玄社
東京都千代田区神田神保町2-2　郵便番号101-8419
営業部＝東京都文京区本駒込6-2-1　郵便番号113-0021
電話 (03) 5395-0511
*
印刷所　株式会社 シナノ

定価はカバーに印刷してあります。
落丁・乱丁はご面倒ですが小社販売部あてにご送付ください。
送料小社負担にてお取り替えいたします。
ISBN4-544-04338-7　C0076

NAVI BOOKS

自動車を楽しむ人たちの単行本シリーズ

**クルマ好きだったら こんな街で暮らしてみたい**
いのうえ・こーいち
ここに登場する人物やモノ、場所は、自動車好きにはたまらないものばかり。本書を読めば、御殿場生活をしたくなるハズ!?
1500円

**クルマ好きを仕事にする**
いのうえ・こーいち
趣味を仕事にできたら、どんなに楽しい毎日か！ そんな、夢のような生活を叶えた7人の、笑顔あり、涙ありの物語。
1500円

**クルマ好きは こんな生き方に感動する**
いのうえ・こーいち
クルマを愛するがゆえ、クルマと真剣に向き合う生活を送る男たち。7人のプロフェッショナルが、その生きざまを語る。
1500円

**ちょっと、古い、クルマ探偵団**
**続・ちょっと、古い、クルマ探偵団**
NAVI編集部
『NAVI』で連載された人気シリーズ。続編は本編に加えて、新たに書き下ろしたコミックやコラム、実用情報も満載。
各1200円

**10年10万キロストーリー。1〜3**
金子浩久
1台のクルマに長く乗り続ける秘訣とは？ 市井の愛車家数十名を取材した、大評判の人とクルマのルポルタージュ。
各1600円

ENSŪ BUNKO

知的自動車エッセイシリーズ

**エンスー養成講座**
**渡辺和博**
エンスーの元祖・渡辺和博が贈る、「これからのクルマの楽しみ方」、「知っているつもりで知らなかったマル得知識」。
1400円

**クルマ名人伝**
**岡見 圭**
ラジエーター修理の第一人者等、自動車王国ニッポンを裏で支える、13人のクルマ仕事師たちのハードボイルドな物語。
1359円

**僕の恋人がカニ目になってから**
**吉田 匠**
「キュートでワガママな女の子に似ている」と、スポーツカーに耽溺する著者が涙ぐましい遍歴を語る、偏愛的クルマ道楽記。
1400円

**クルマの掟**
**徳大寺有恒**
モータージャーナリスト界の第一人者が放つ、新時代のクルマと人との付き合い方の掟。クルマ選びの画期的実用書。
1359円

**○マルクス×**
**鈴木正文**
『NAVI』編集長だった著者が自身の遍歴を語る。他誌に寄稿した原稿を中心に書き下ろしを加えた、敗者復活エッセイ。
1359円